时装画人体动态与比例

阿甘 著

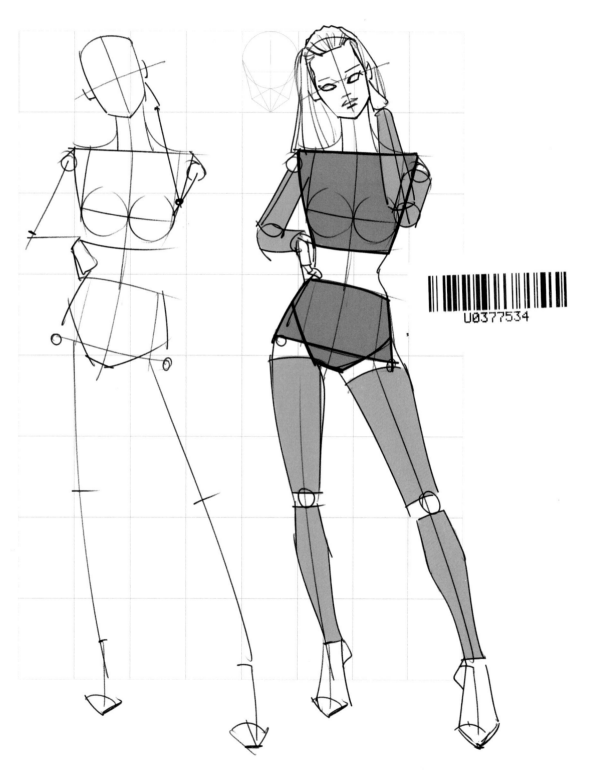

U0377534

东华大学出版社·上海

图书在版编目（CIP）数据

时装画人体动态与比例 / 阿甘 著. -- 上海：东华大学出版社
2021.1

ISBN 978-7-5669-1793-5

Ⅰ.①时… Ⅱ.①阿… Ⅲ.①服装设计－绘画技法 Ⅳ.
① TS941.28

中国版本图书馆CIP数据核字(2020)第184834号

责任编辑 谢 未
版式设计 赵 燕

时装画人体动态与比例

SHI ZHUANG HUA REN TI DONG TAI YU BI LI

著 者：阿 甘
出 版：东华大学出版社
（上海市延安西路1882号 邮政编码：200051）
出版社网址：dhupress.dhu.edu.cn
天猫旗舰店：http://dhdx.tmall.com
营销中心：021-62193056 62373056 62379558
印 刷：当纳利（上海）信息技术有限公司
开 本：889mm×1094mm 1/16
印 张：13.5
字 数：484千字
版 次：2021年1月第1版
印 次：2021年1月第1次印刷
书 号：ISBN 978-7-5669-1793-5
定 价：59.00元

目录

前言

时装画分为艺术绘画和设计师设计概念表达两大类。画时装画离不开画人体，这是画好时装画的基础。同时，通过画好人体，也可使学习服装设计的初学者能够更好地理解人体的基本构造，对专业的学习（如画款式图）或者对裁剪结构的认知等，也有很大的帮助；而对于时尚插画，就更不用说了，绘者的造型能力可为画面的造型和形象说服力加分不少。

本书通过对人体动态典型案例的分析，由火柴棍到最后步骤的拆解图，通俗易懂，通过举一反三可以帮助读者更好地学习和绘画练习。

关于各种相关形态的线稿描绘，读者可以选择某一阶段的分析图，注意区分其中的正常视角和特殊视角的两大类型动态来理解和观察、练习。凡是接近正面直立的属于正常视角，反之则倾向于特殊视角的动态了。书中同一图中使用九宫格的常规人体比例和变化动态或比例图进行比对观察、练习，方便理解。

本书撰写以读者从掌握规律到自己能够默画动态创作为宗旨。

写书是个人的体会总结，不足之处在所难免，望能抛砖引玉！

作者 阿甘

2020.8

内容提要

人体外形和人体动态是时装画入门的学习关键。

"时装画人体动态与比例"是时装设计基础的入门课程。本书专门讲述时装画的人体描绘技法。针对美术零基础的时装画爱好者，作者建立了时装画人体模板。读者只要按人体模板的练习要求，就能够快速而准确地掌握好人体的基本描画规律，头、胸腔和腰胯、腿部，以及手臂、手掌的比例和外形特征均。也就是说，读者可以从模板中学习到人体的长宽比例、骨骼和肌肉外形特征，一步到位地掌握人体的关键要点。特别是一些难以理解和描绘的关键部位，比如肩、胸、手臂的交接处，即腋窝的位置，也给予初学者很好的描绘指导。

掌握好人体的正确外形，为时装画的整体学习打下了良好的绘画基础。

本书还涉及时装画人物局部的描绘方法，如头发、五官的细节描绘，使得初学者有道可循，循序渐进地掌握绘画要点，提高描绘能力。

关于时装画的特色，关于形体的变化描绘，本书也做了详细的讲解和示范。对于喜欢夸张变化的创作者来说，这些变化的形态及描绘方法也可作为不可多得的指导和参考范例。

本书的特色不是文字的理论堆积，而是通过每个类别的动态示范描绘，给予读者更直观的感受。可以预见，读者只要按照书里的动态示范多加练习，学习完本教程后，对在时装画中的人体造型描绘，相信会有一个很大的提升！

1 基础篇

在进行时装画的人体动态描绘之前，我们有必要先掌握人体的基本要素，比如比例和人体外形。这是最基本的知识，也是将来学习人体着装的基础要求。

图1.1 人体的外形特征（结构外形特征及空间构造概念），它是了解人体和画好时装画的基础

1.1 人体结构概念和比例描绘

时装画的描绘，从绘画的角度来说，也是绘画中的一种艺术表现形式，具有实用性及艺术表达的特征。

时装画对于人体的绘画要求，是建立在掌握相应的艺用人体的形态和比例知识上的，而人体的学习离不开对比例和结构的认知。其中的"比例"是在常规的平均概念的基础上来参考、推行的，一般是以

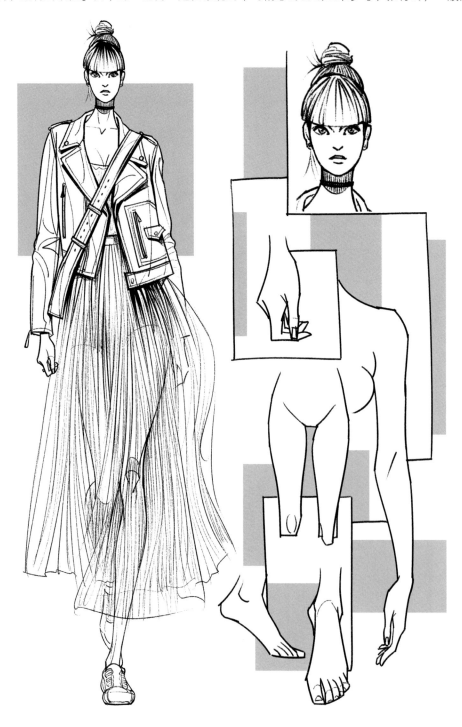

图1.2 时装画是一门建立在人体外形要素及动态认知的基础上，对服装造型进行研究的艺术

6头身或7个半头身为基础，以此来拓展出更为优美的8头身、10头身等的夸张比例；而"结构"并非是深入地研究骨骼肌肉的内在。本书以模型概念来理解人体的这些构造，作为一种可替代"真实"结构又比真实结构更为概括的人体构造概念来认知和掌握。

读者不需要研究深奥枯涩的骨骼和肌肉，只要掌握基本的比例构造和外形特征，就可以建立以几何模型概念为基础的良好的人体外观表达能力，为画好人体动态做准备。

本书的人体模板，就是把人体的相关知识点进行概括之后建立起来的，以此来展开时装画的人体动态的描绘学习。

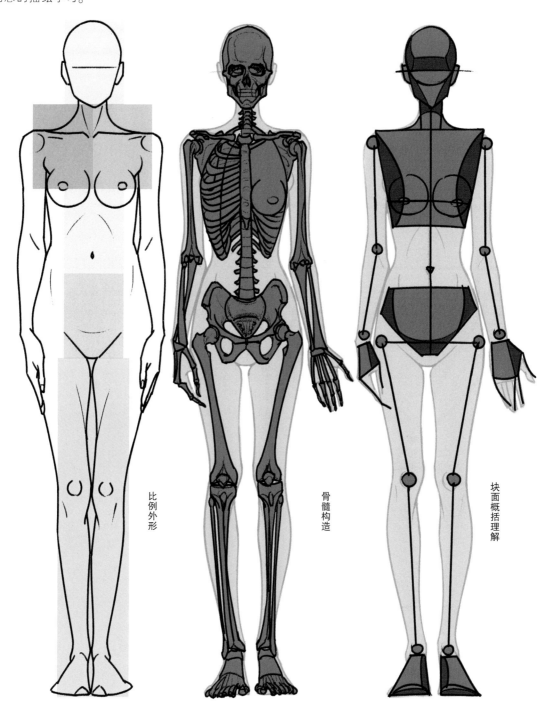

比例外形　　　骨髓构造　　　块面概括理解

图1.3 本书人体的基本概念——比例、外形、骨骼下的模型（空间）综合的简化理解

1.1.1 头部及五官比例

男女头部形态基础，头发及五官的比例辅助线描绘方法：

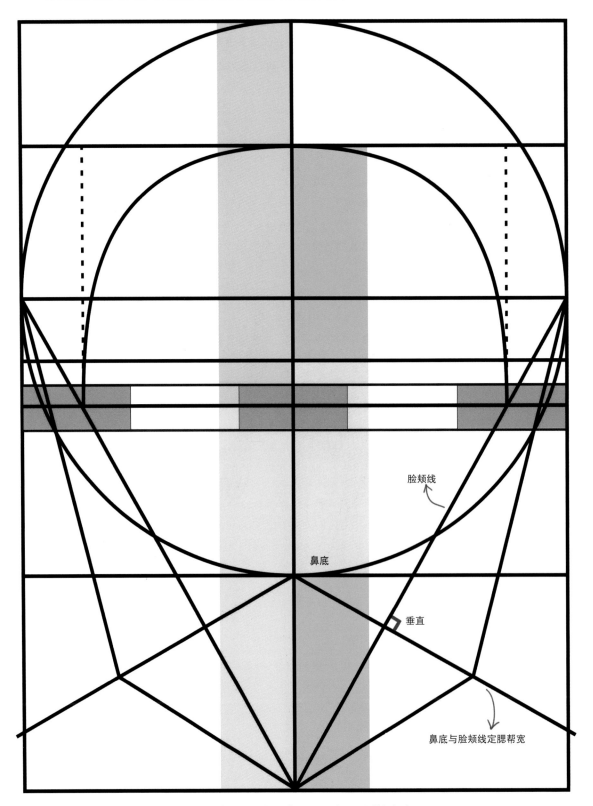

脸颊线

鼻底

垂直

鼻底与脸颊线定腮帮宽

图1.4 五官正面比例、三庭五眼及腮帮和面颊转折概念

图1.5 利用头型模板概念，自觉使用三庭五眼两斜垂原理，可以快速画好一张脸型的比例及五官的比例

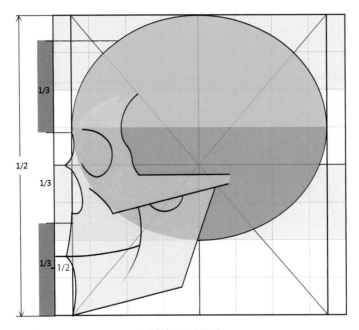

头部侧面比例概念

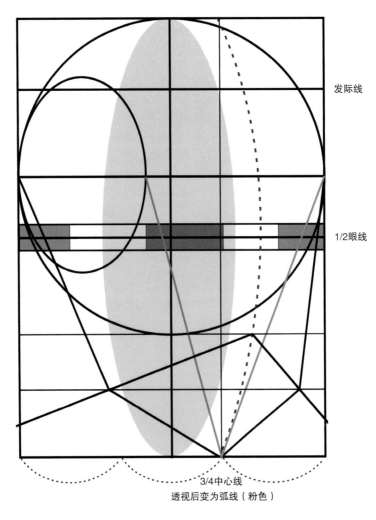

图1.6 头部3/4侧面比例概念（注意五官在中间部分——绿色区域，由宽到窄向两侧渐次变化），五官的大小就是这么来理解的

1.1.2 躯干、腿部和手臂的比例

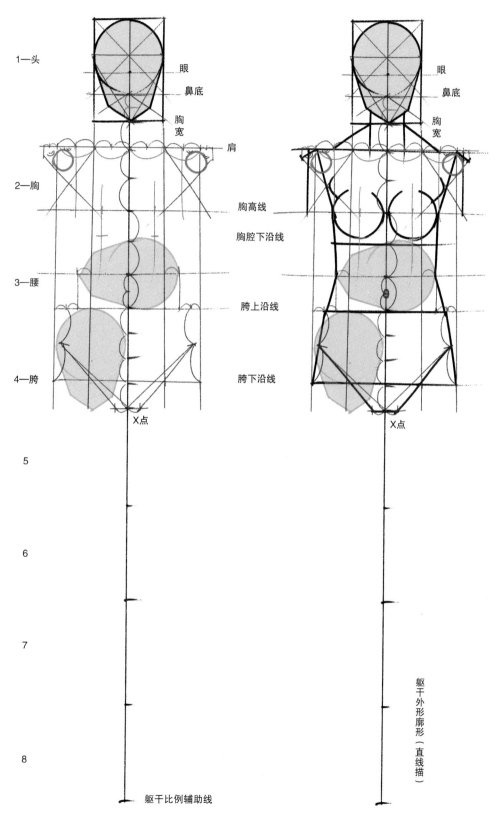

图1.7 人体躯干比例及外形廓形

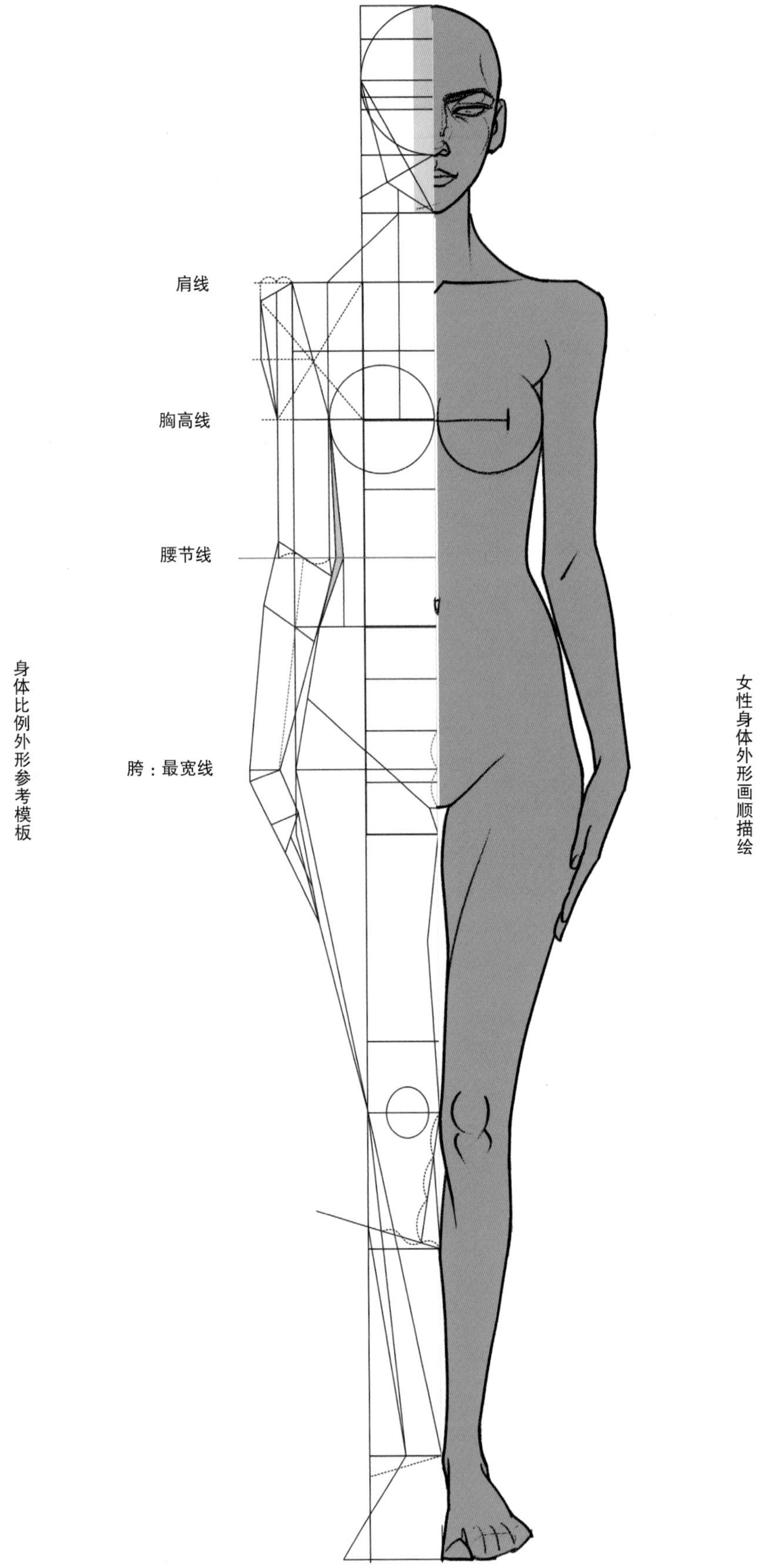

肩线

胸高线

腰节线

胯：最宽线

身体比例外形参考模板

女性身体外形画顺描绘

图1.8 依据人体模板概念，就算没有美术或人体基础，也能在短时间内快速掌握人体的比例和基本外形

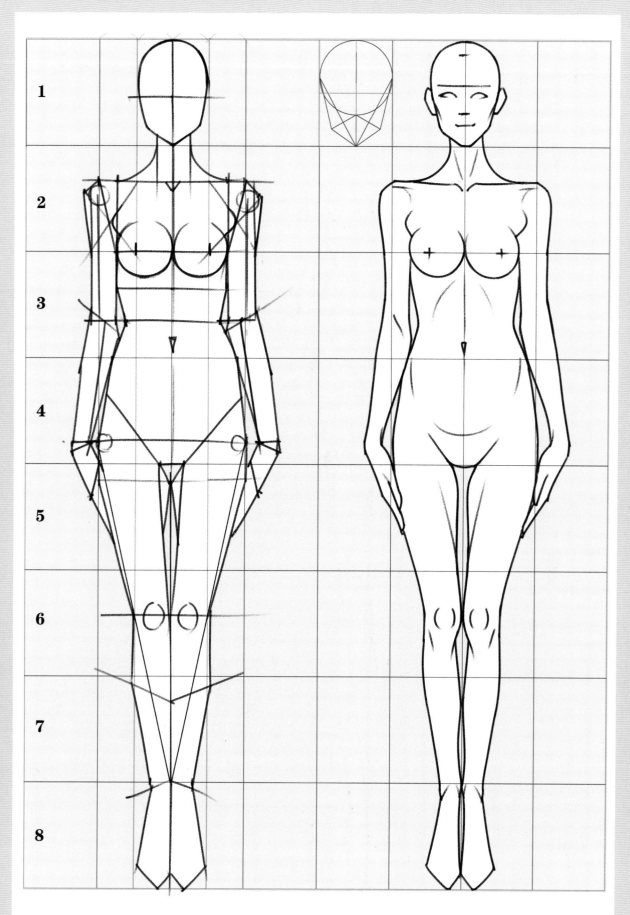

图1.9 以一个头的比例为单位绘制的，以8头长的九宫格对应人体7个半比例（头顶至后脚跟）的描绘

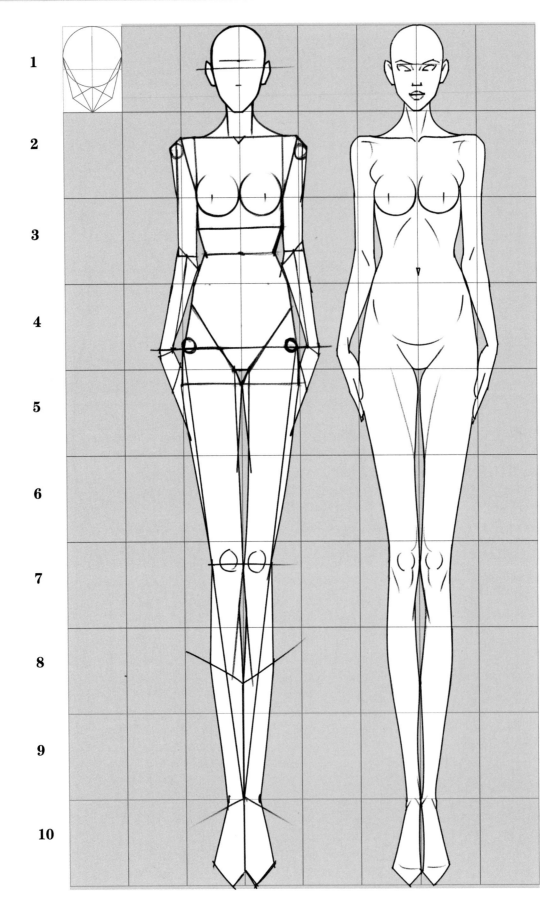

图1.10 以一个头的比例为单位绘制的，以10头长的九宫格对应人体9个半比例（头顶至后脚跟）的描绘（加长腿）

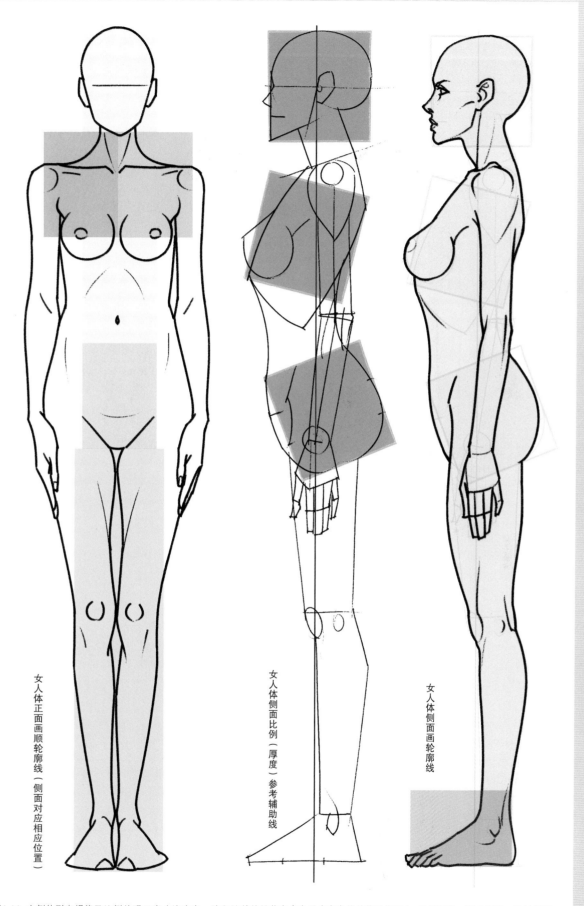

女人体正面画顺轮廓线（侧面对应相应位置）

女人体侧面比例（厚度）参考辅助线

女人体侧面画轮廓线

图1.11 女侧体形态规律及比例外观示意（注意肩、胯和膝盖的关节在全身垂直参考线的位置关系），从侧面看一脚长度和一头长等同

1.2 人体外形

　　人体的外形，就是我们对人体的一般认识。当然，我们的这个"一般认识"是偏向于对匀称的，或者说更加优美的外形观瞻的一个美好印象。

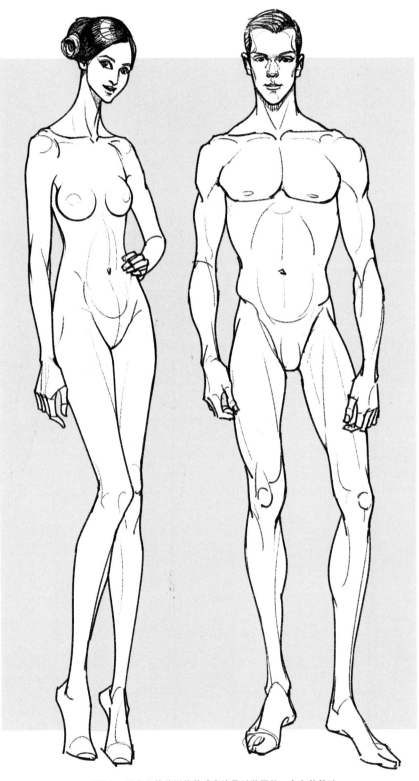

图1.12 男女人体外形的美感表达是时装画的一个审美基础

女人体头部 头部外形及五官的描绘步骤：

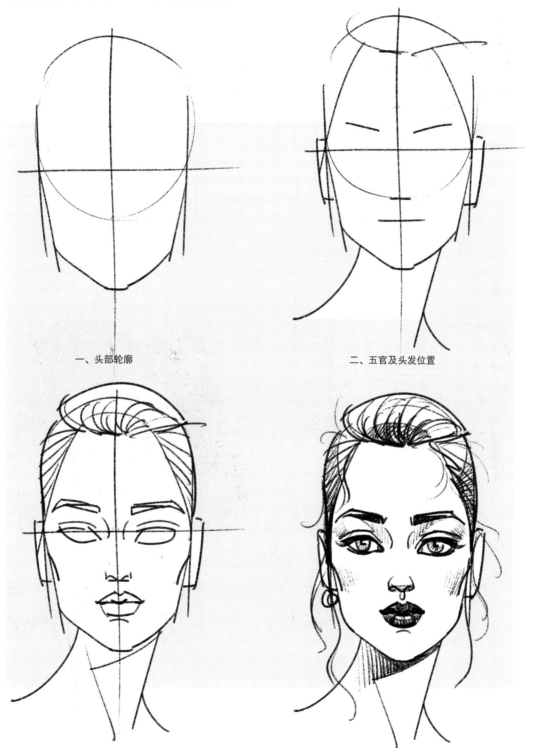

一、头部轮廓

二、五官及头发位置

三、五官及头发具体描绘

四、概括、深入描绘

图1.13 时装画女人体头部正面描绘（本例脖子侧转）

一、头部轮廓

二、五官及头发位置

三、五官及头发具体描绘

四、概括、深入描绘

图1.14 时装画女人体头部正侧面描绘

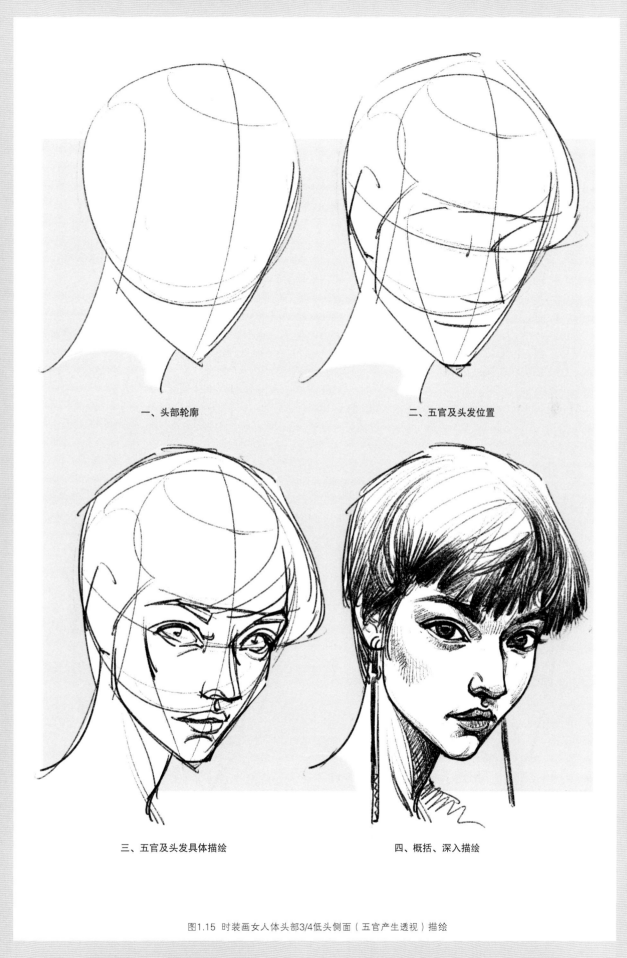

一、头部轮廓

二、五官及头发位置

三、五官及头发具体描绘

四、概括、深入描绘

图1.15 时装画女人体头部3/4低头侧面（五官产生透视）描绘

男人体头部 头部外形及五官的描绘步骤：

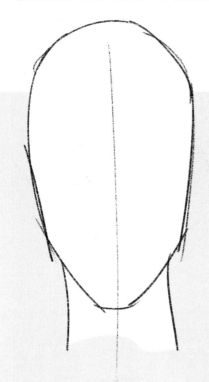

一、头部轮廓

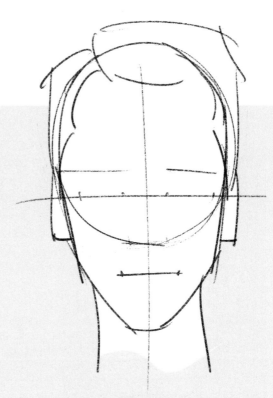

二、五官及头发位置

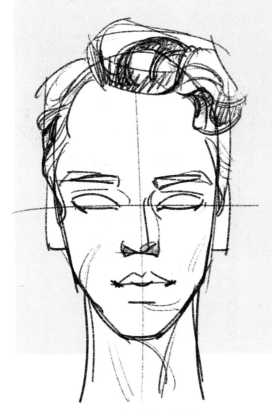

三、五官及头发具体描绘

四、概括、深入描绘

图1.16 时装画男人体头部正面描绘

一、头部轮廓

二、五官及头发位置

三、五官及头发具体描绘

四、概括、深入描绘

图1.17 时装画男人体头部3/4侧面描绘

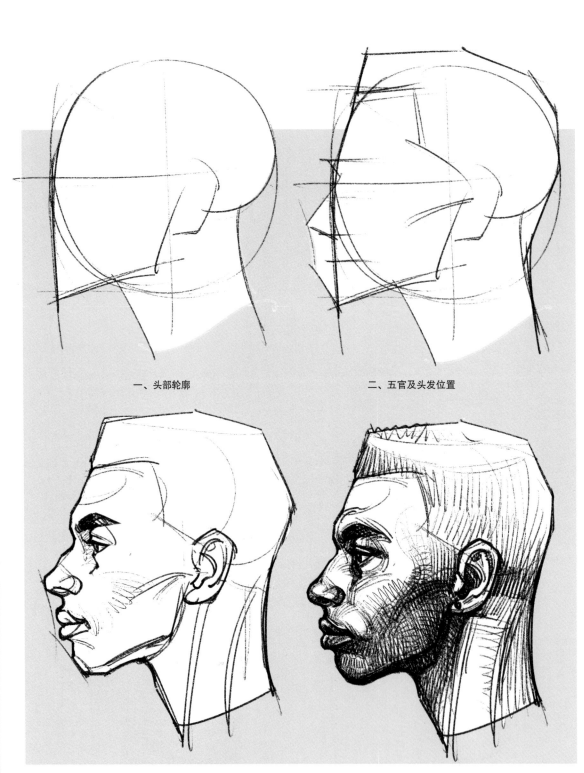

一、头部轮廓

二、五官及头发位置

三、五官及头发具体描绘

四、概括、深入描绘

图1.18 时装画男人体头部正侧面描绘

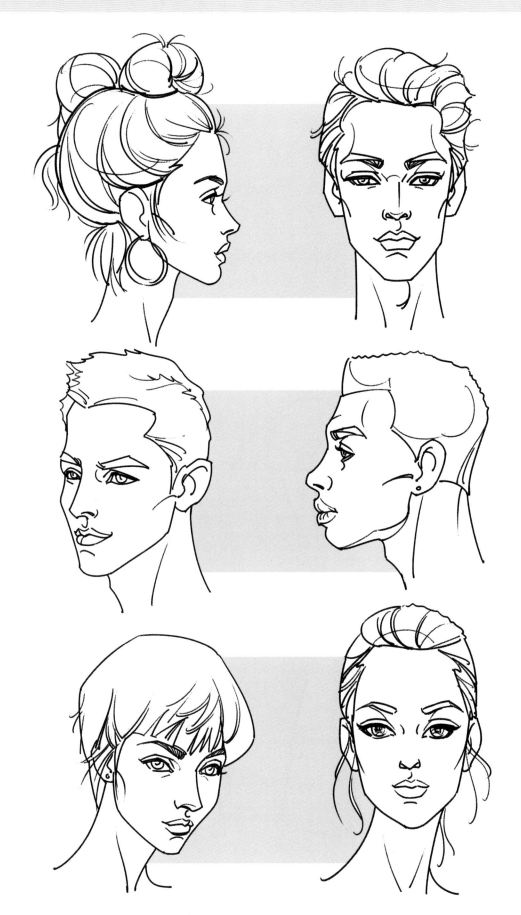

图1.19 一般的时装画图稿多以线描为主，对明暗关系较少深入（上色时更为讲究）表现。本图即为线稿形式，基本接近于前述步骤三

1.2.2 躯干的外形描绘

男性与女性躯干 正面外形效果

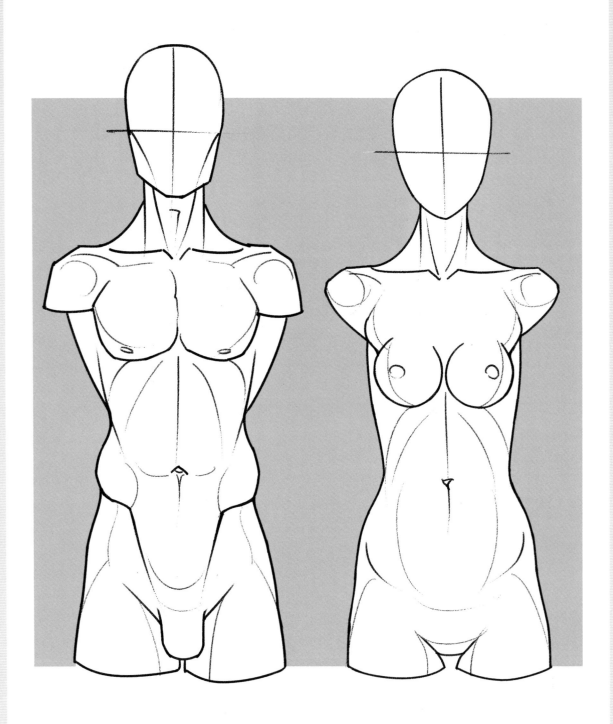

图1.20

男性与女性躯干 3/4侧面外形效果

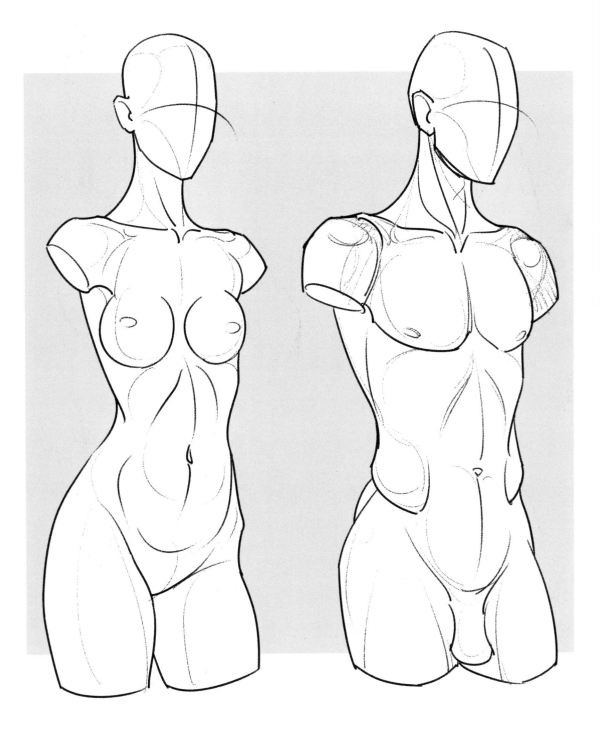

图1.21

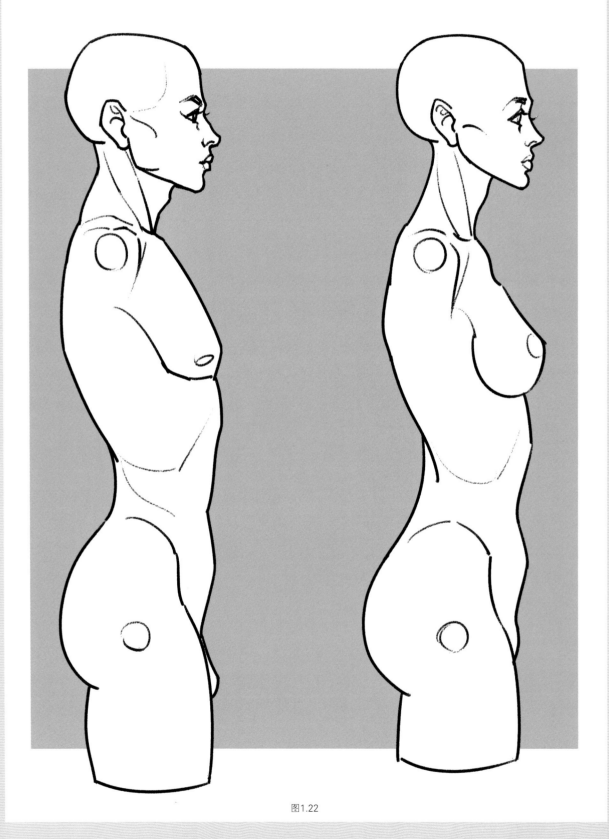

图1.22

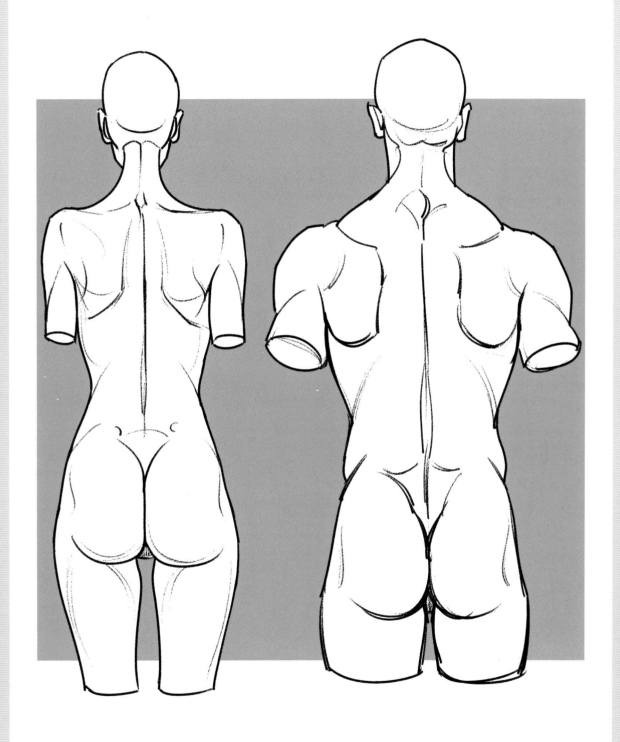

图1.23

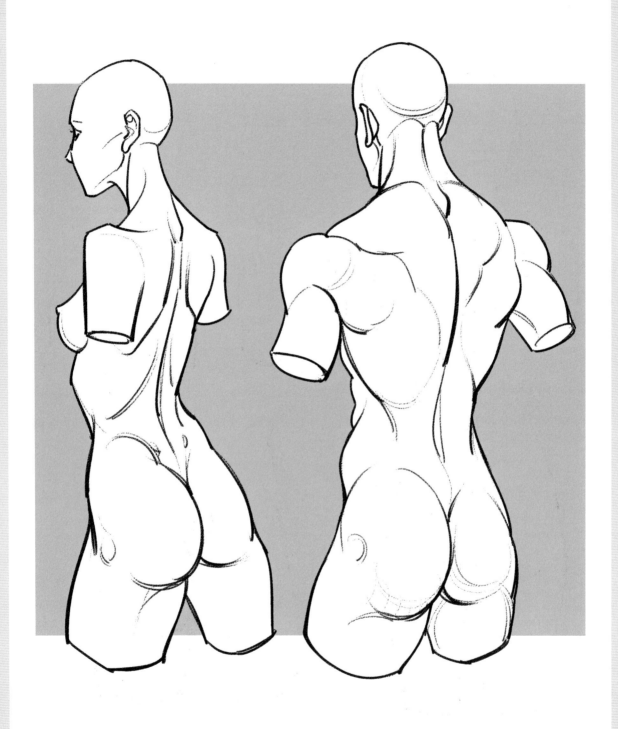

图1.24

1.2.3 手臂的外形描绘

女性手臂外形的描绘应突出骨感或者柔美的线条效果，而男性则以健硕的外观为主。

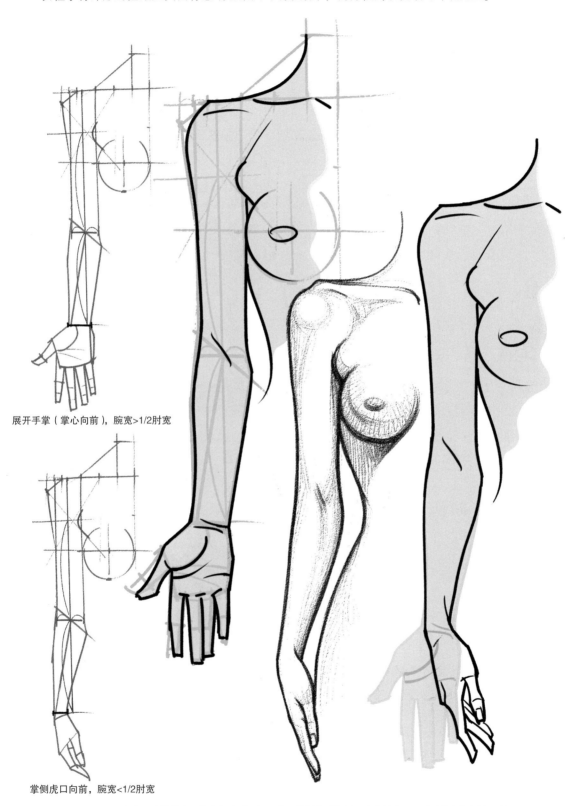

展开手掌（掌心向前），腕宽>1/2肘宽

掌侧虎口向前，腕宽<1/2肘宽

图1.25 通常的手臂描绘先从基本的外形了解开始，常见外形为展开（掌侧虎口正对观众）和自然下垂

男性四肢 男性手臂和腿的外形构造和画顺描绘，是相对于肌肉和骨骼较为柔弱纤细的女体相比较而描绘的。除了女性生育后骨盘变宽外，年轻男女的骨骼比例关系几乎一样。所以参照女体模板，突出男性肌肉骨骼粗大就可以画好男人体了。

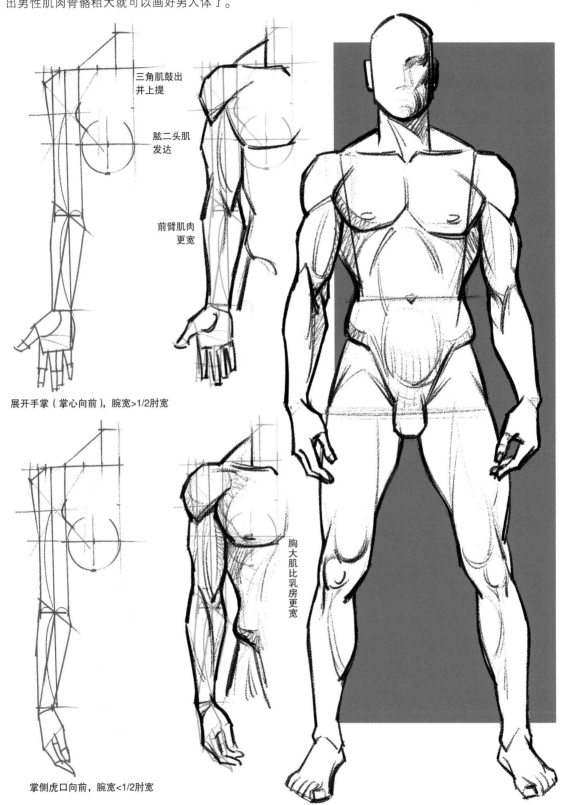

三角肌鼓出并上提

肱二头肌发达

前臂肌肉更宽

展开手掌（掌心向前），腕宽>1/2肘宽

掌侧虎口向前，腕宽<1/2肘宽

胸大肌比乳房更宽

图1.26 注意男性手臂肌肉在向外"膨胀"后是向上"走"的，所以更显男体魁梧

1.2.4 人体腿部的外形描绘

女性腿部完美的曲线效果描绘以及男性腿部结实或修长的表达效果，这些特色在时装画中被刻意突出表现。

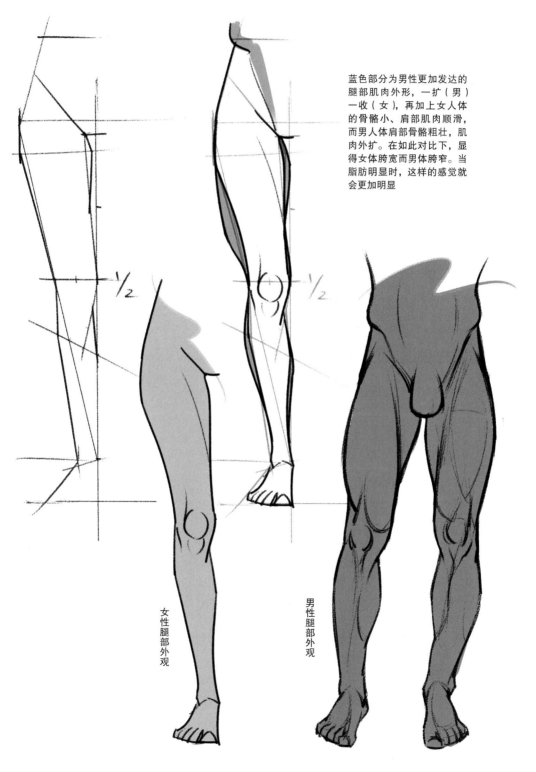

蓝色部分为男性更加发达的腿部肌肉外形，一扩（男）一收（女），再加上女人体的骨骼小、肩部肌肉顺滑，而男人体肩部骨骼粗壮，肌肉外扩。在如此对比下，显得女体胯宽而男体胯窄。当脂肪明显时，这样的感觉就会更加明显

女性腿部外观

男性腿部外观

图1.27 在同一结构模板下，男女腿部的外形差异（注：表现男性长腿是减弱肌肉的粗壮，加长比例长度）

下面是关于手臂和腿部的局部理解和概括的描绘，是在人体部位模板的基础上的"应用"效果。

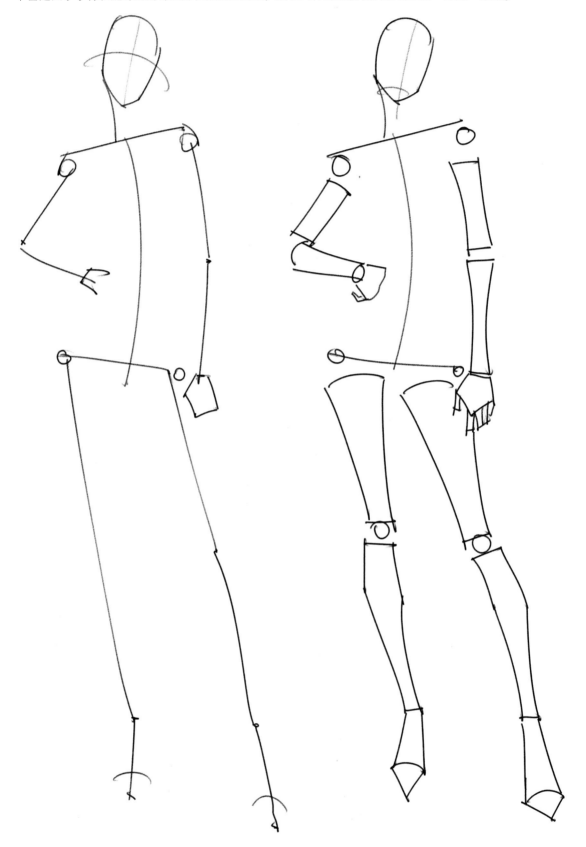

图1.28 不要仅仅为了画手臂和腿部的外形而去画，而是先找出它们的规律，如方向趋势、动态（第二章）和特征等

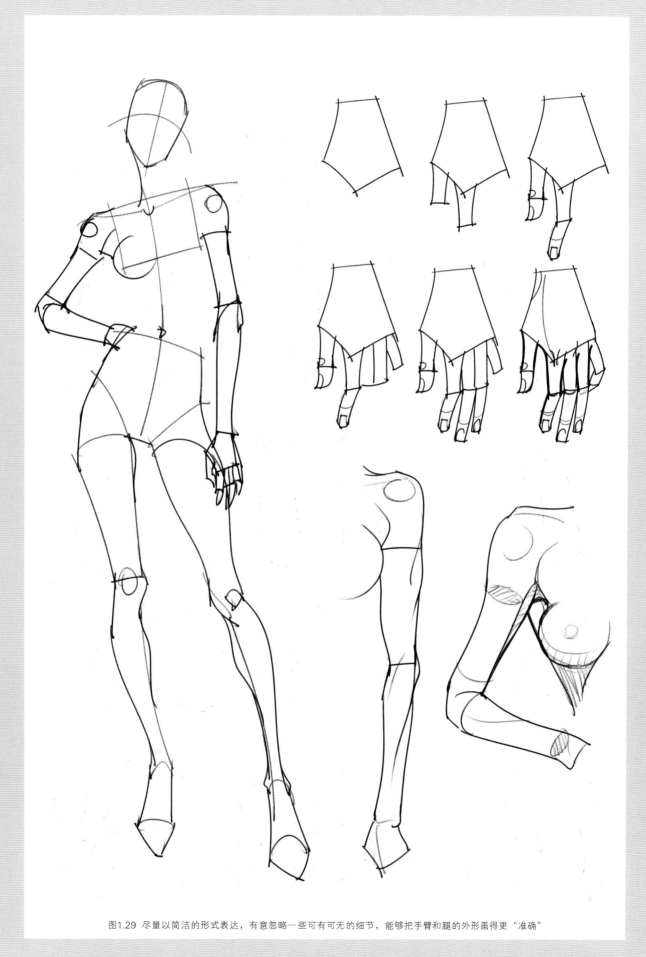

图1.29 尽量以简洁的形式表达，有意忽略一些可有可无的细节，能够把手臂和腿的外形画得更"准确"

时装画腿部和手臂的细节描绘步骤，注意描绘的落笔停顿。

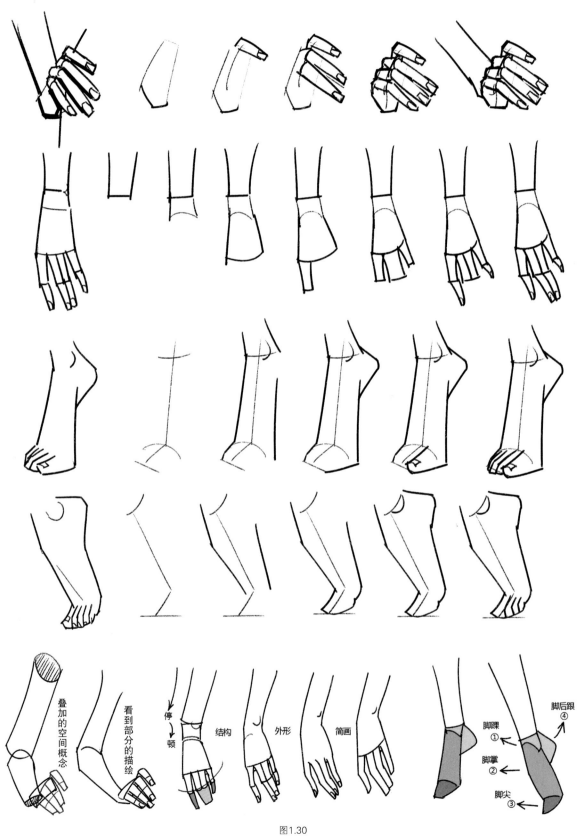

图1.30

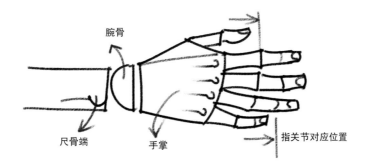

手掌基本外形特征，可分为前臂、腕骨、手掌、大拇指和四指

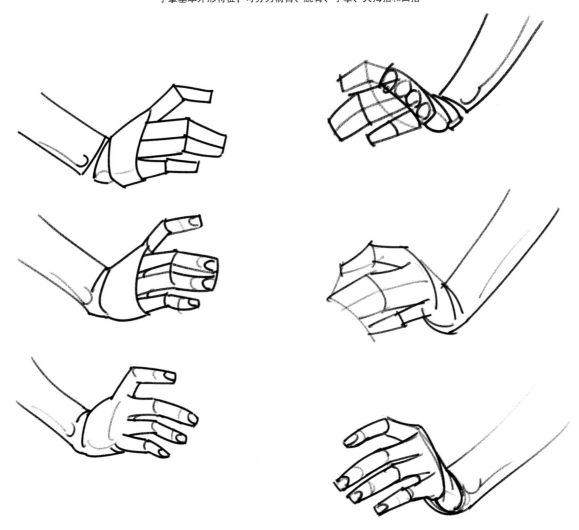

常用叉腰手掌的描绘方法：注意手背产生透视而变短，要大胆画短

图1.31　叉腰动态常用手掌外形描绘

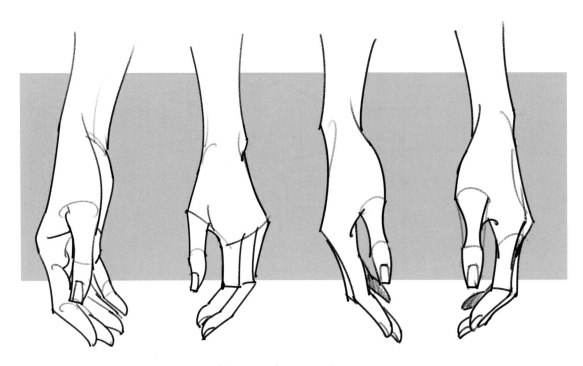

自然下垂左右手掌

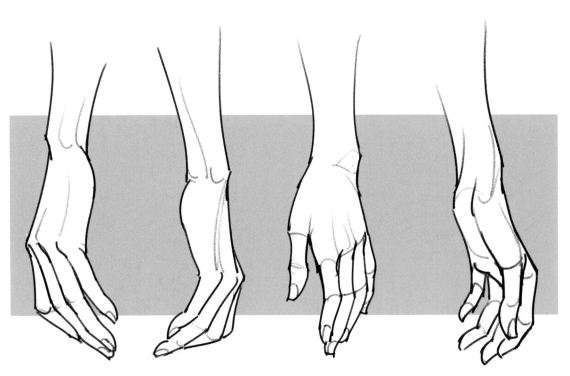

自然下垂背面左右手掌　　　　　　　　自然下垂不同角度左右手掌

图1.32 手臂自然下垂，常用掌形动态描绘。读者可以画相关的关节构造，也可以简画表达

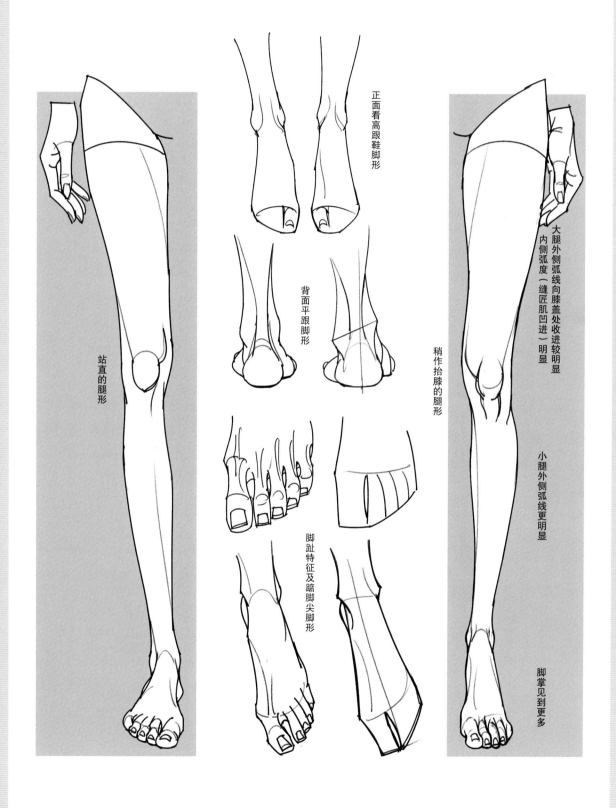

正面看高跟鞋脚形

背面平跟脚形

站直的腿形

稍作抬膝的腿形

脚趾特征及踮脚尖脚形

大腿外侧弧线向膝盖处收进较明显

内侧弧度（缝匠肌凹进）明显

小腿外侧弧线更明显

脚掌见到更多

图1.33 直立或稍作抬膝的腿形描绘及脚部细节的观察描绘方法

·33·

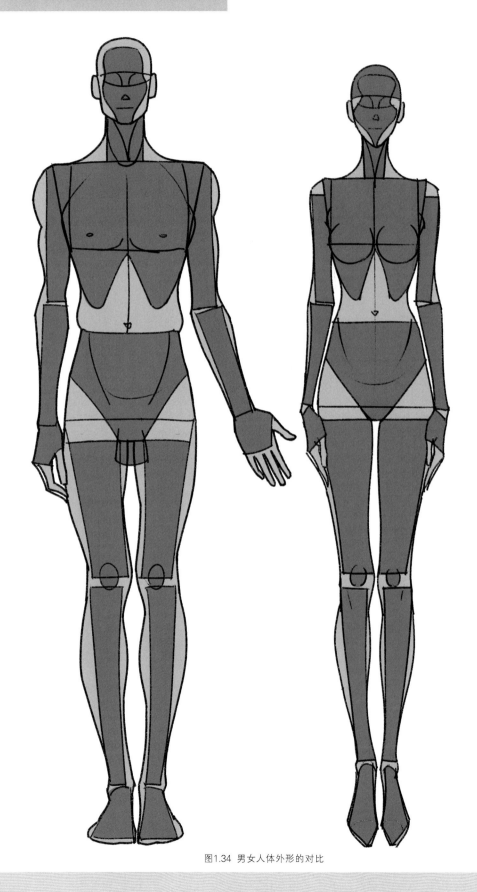

图1.34 男女人体外形的对比

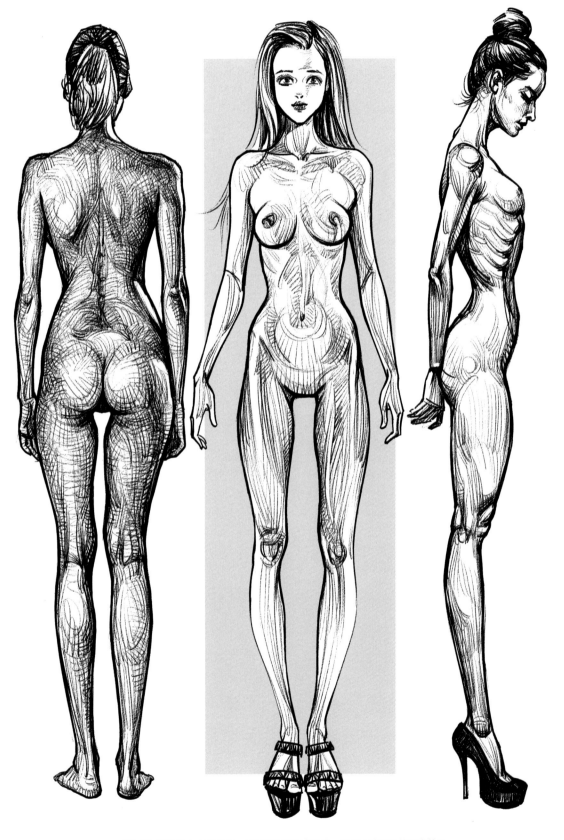

图1.35 通过对女人体的正、侧和背面的形态观察，理解人体的具体形态特征

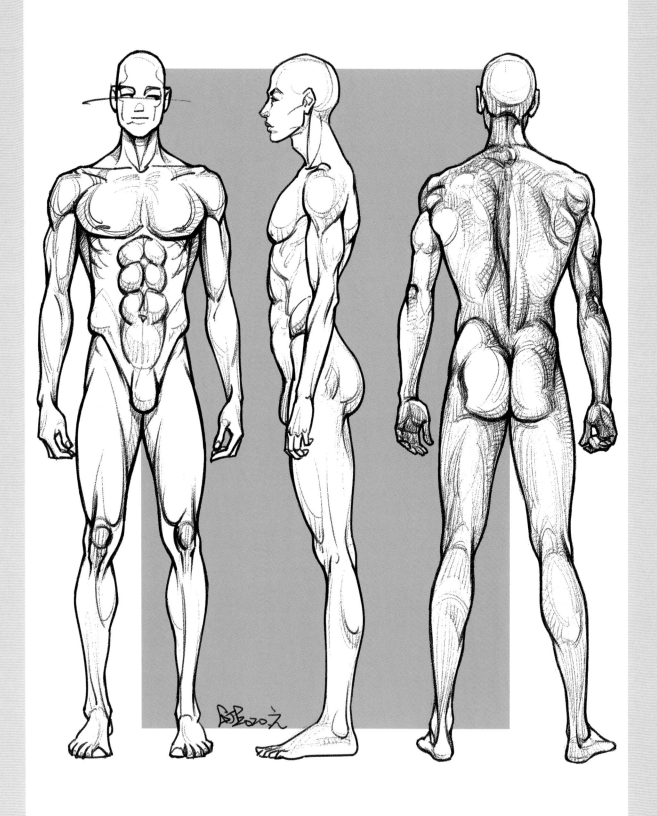

图1.36 本图旨在表现男人体的基本常规形态，在时装画描绘的时候，手法既可以多样，也可以概括表达，而不必过多强调男人的肌肉，把基本的形表达出来就好

1.2.6 夸张的人体形态描绘

人体的理想正常比例是7个半头和8头身，这也是基本的认知。之后的9头或10头身及以上皆为夸张变化，视实际需要和表现风格而定（主要是四肢和脖颈的变化，躯干则是基本恒定的，变化不大）。

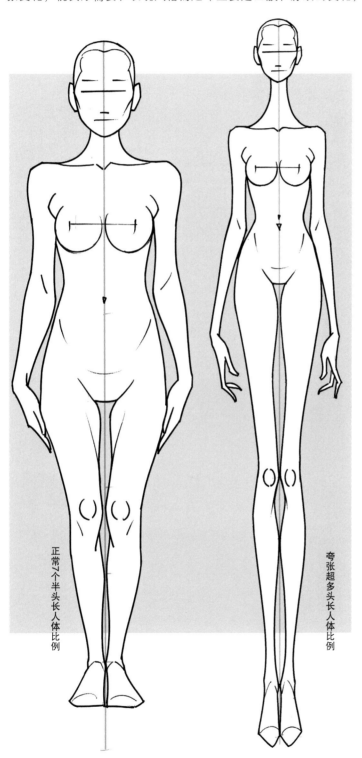

正常7个半头长人体比例

夸张超多头长人体比例

提示

模板是比例和外形的参考，对美术零基础的初学者更有帮助意义，有画过人体的读者可以略过，但基本的理想化的比例美感（时装画人体）则要强化，为将来画出更符合时装画特色的作品做好准备。需要说明的是，根据时装画人体比例变化的特色，后面的图示有7个半头、8头或10头身不等，不再为此说明。

图1.37　左边为正常7个半头长人体比例，在此基础上衍生出更多的理想化、艺术化的夸张人体比例。描绘的关键技巧是：头部和躯干比例关系不变，变的是脖子和四肢，都加长了。其中腰部可以变细些，前臂和下肢可以加长些

2 动态原理篇

　　人体是一个系统，身体各部位是有关联的。但无论动态如何丰富，基本的规律还是可以为绘画者所掌握。特别是针对时装画的描绘来说，其目的要以展示服装为主，完整的服装展示效果对于着装的人体来说，是极为重要的描绘目的。就这个目的的范围而言，时装画的动态表现都是以常规动态基础上的延伸动态为主。所以，基本动态原理的掌握可以为动态的描绘打下良好的基础。

2.1 头部及躯干动态原理

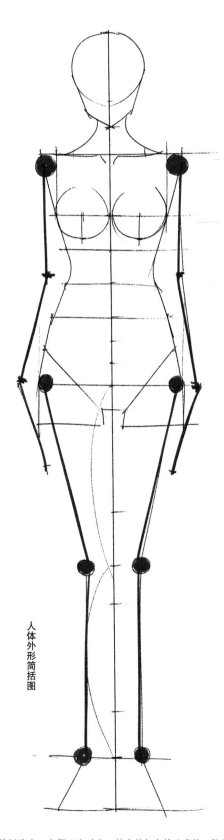

人体外形简括图

图2.1 人体外形简括图由人体外观轮廓模板演变，方便研究动态，其中的红色线（虚拟四肢）和蓝色圆点（关节）称之为火柴棍形式

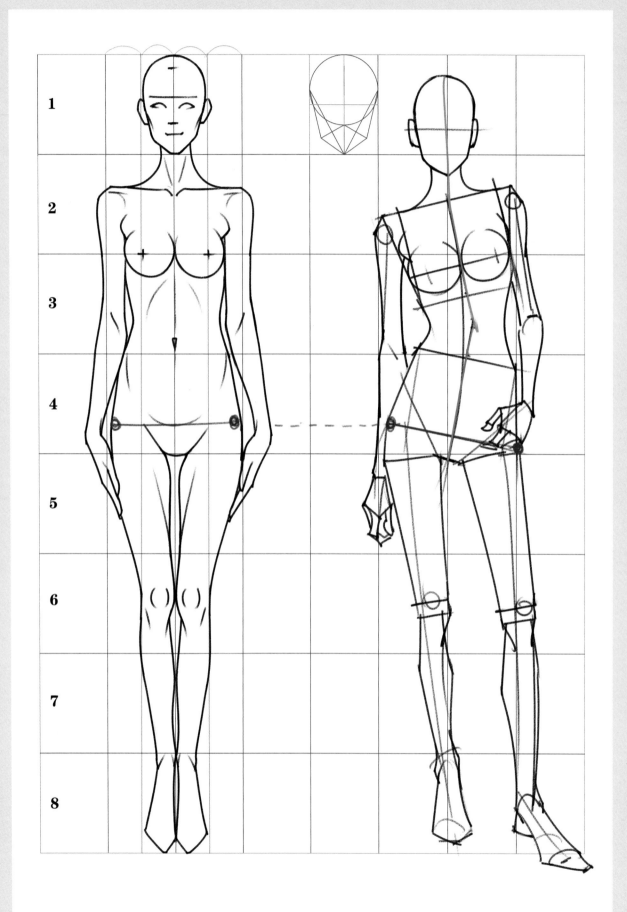

图2.2 直立与动态的转换，动态后人体细节有变化了，但应该先抓住不变的，如"支撑腿"等，以此比对变化部分再来画

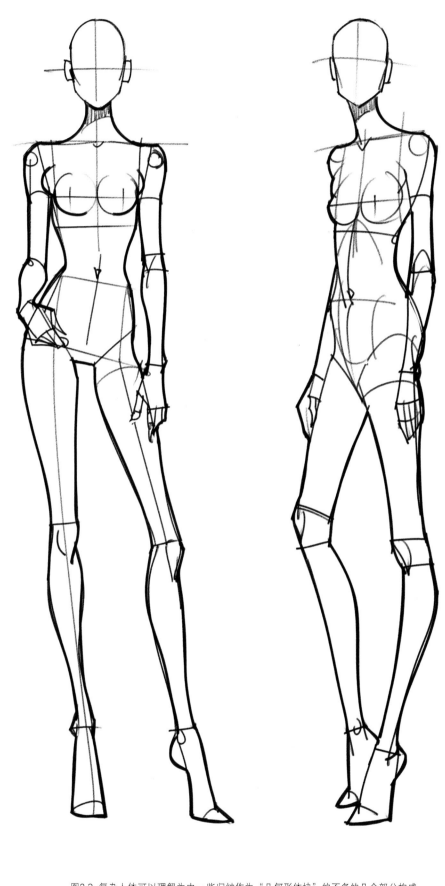

图2.3 复杂人体可以理解为由一些归纳作为"几何形体块"的不多的几个部分构成

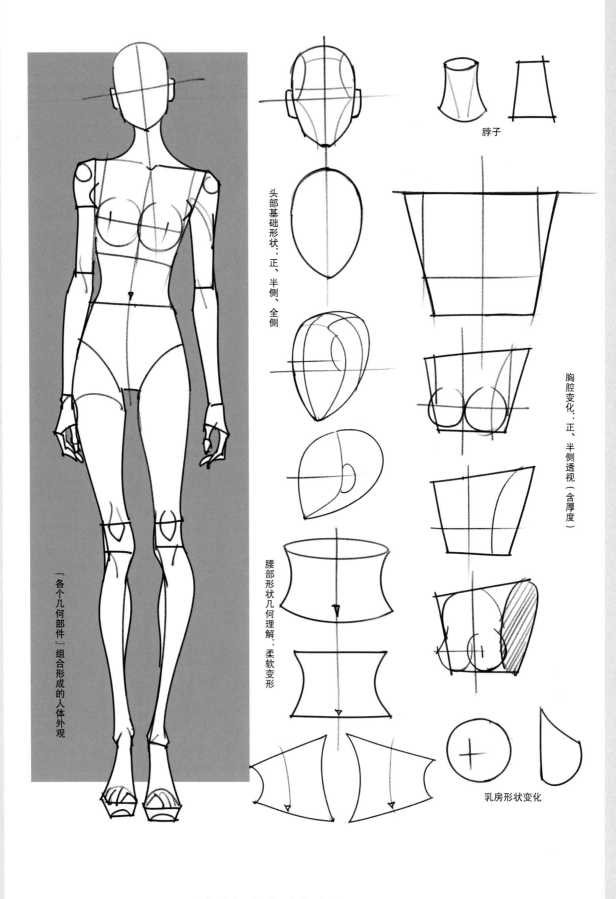

脖子

头部基础形状：正、半侧、全侧

胸腔变化：正、半侧透视（含厚度）

腰部形状几何理解：柔软变形

乳房形状变化

"各个几何部件"组合形成的人体外观

图2.4 排除"真实"的人体及细节，在此基础上再去研究人体动态

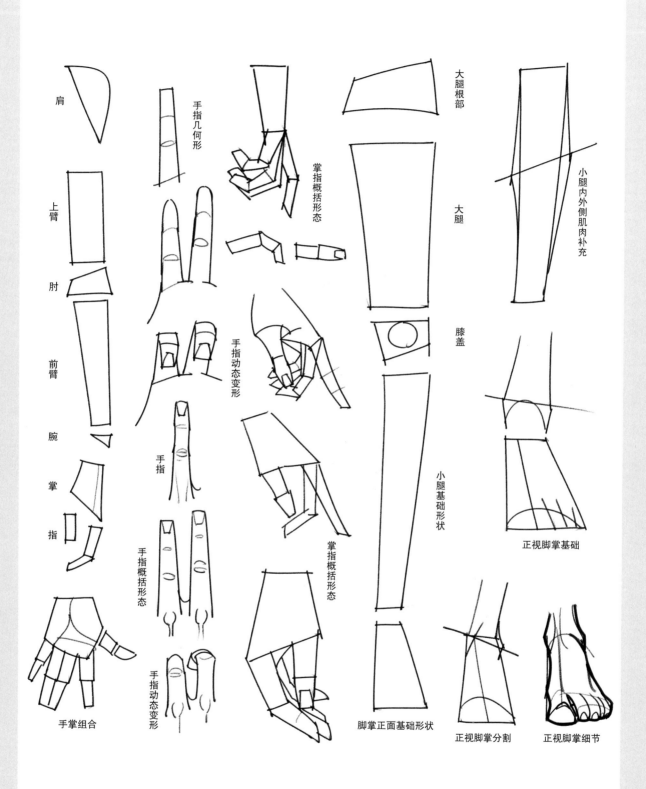

肩

上臂

肘

前臂

腕

掌

指

手指几何形

手指概括形态

掌指概括形态

手指动态变形

手指

手指概括形态

手指动态变形

手掌组合

大腿根部

大腿

膝盖

小腿基础形状

脚掌正面基础形状

小腿内外侧肌肉补充

正视脚掌基础

正视脚掌分割

正视脚掌细节

图2.5 建立躯干（包括细节）的几何形体块概念，有助于快速帮助理解复杂的人体构造以及动态变化关系

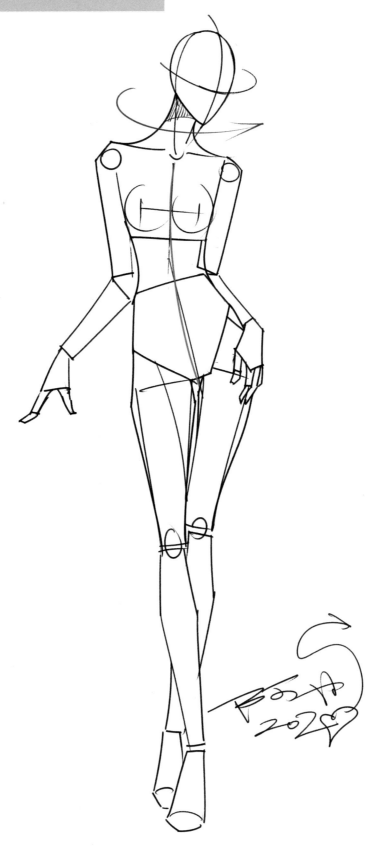

图2.6 人体动态的头、颈、肩的关系，是动态的开始部分

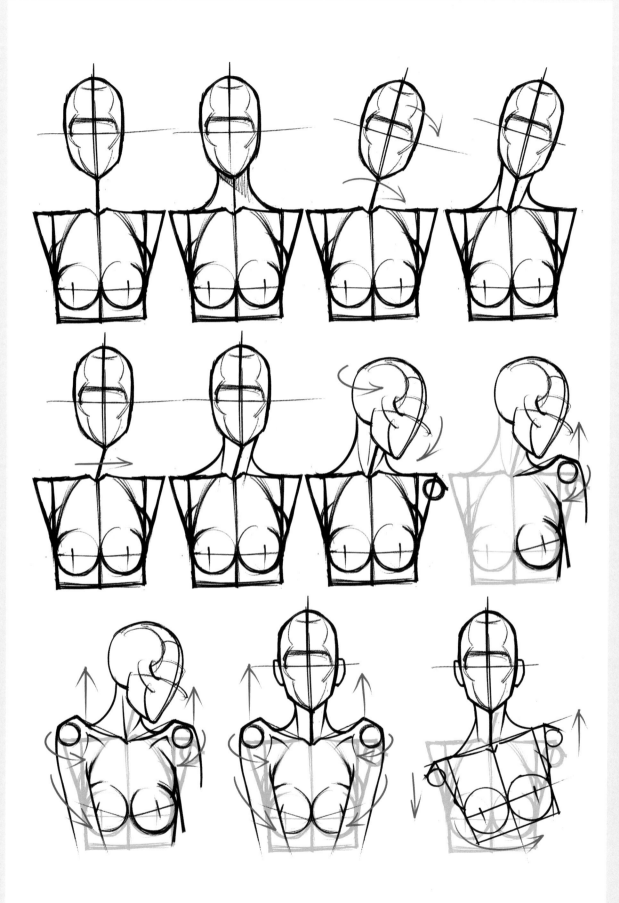

图2.7 正面肩部与头、颈的关系（注意：肩部上抬时同时也会向胸部前方靠近）

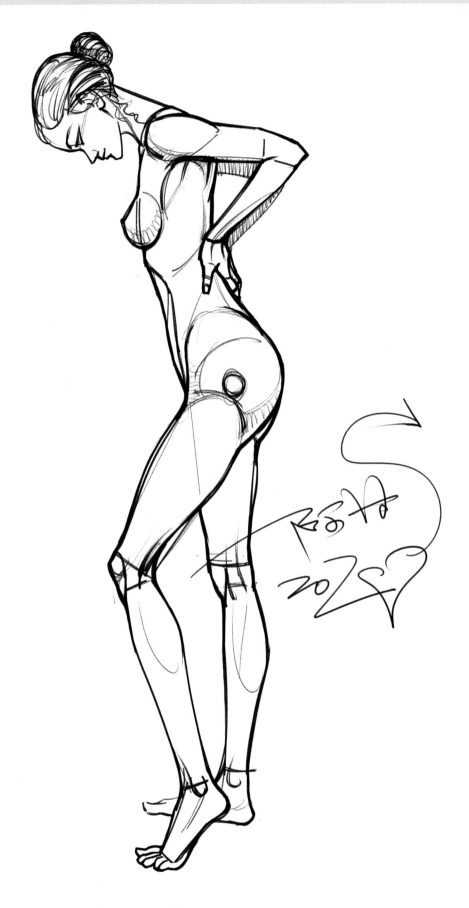

图2.8 侧身的头、颈、肩的动态效果，关键是理解动态活动的支点位置

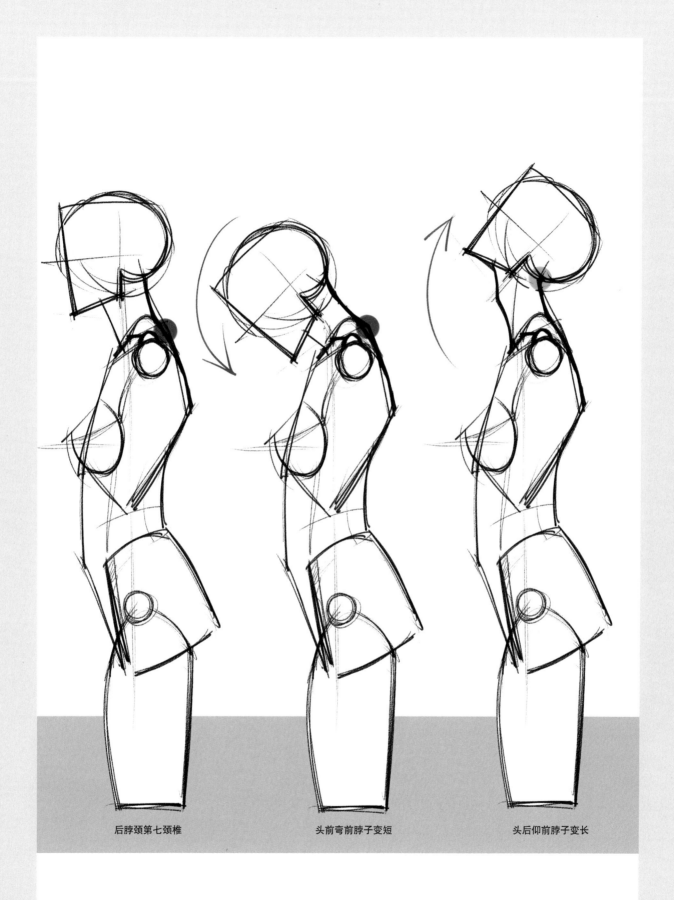

后脖颈第七颈椎　　　　　　头前弯前脖子变短　　　　　　头后仰前脖子变长

图2.9 侧身脖子的基本动态，注意以前弯的第七颈椎（红色）和后弯的后脑勺根部（蓝色）为支点

　　从全身的描绘角度来看，躯干（含胸腔、腰部和胯）是人体的重要结构，相对比较复杂，既可以分解理解，也可以整体看待。当动态产生的时候，分解来看会更容易掌握关键要点，理解起来也会相对轻松。

　　另外，当人体动态出现的时候，躯干的透视现象会比较明显，但由于在画时装画人体的时候，多数情况下是展示人体的单一造型效果（正面为主、半侧为辅）则人体和周围环境产生的关联不大，因此在描绘的时候，只要注意和透视相关的原理，画出的效果自然舒适。描绘符合透视的大致规律就可以了，不用太纠结于"标准"的透视问题。

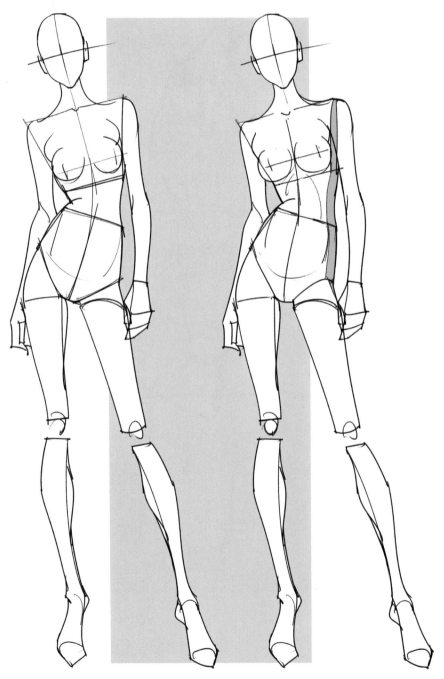

图2.10 躯干的正面形态（左图）和动态的微左转（右图）效果（看到红色部分的侧体），只要画得合理、自然就好

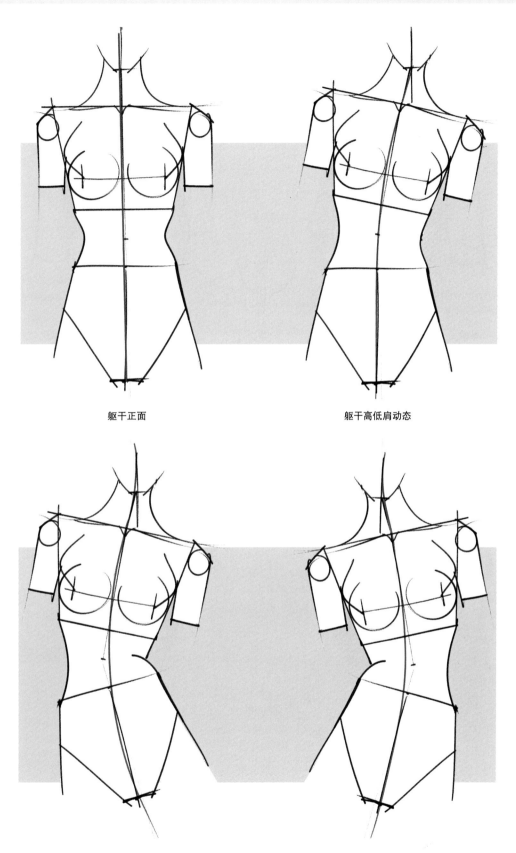

躯干正面

躯干高低肩动态

躯干高低肩及左提胯或右提胯、落胯动态

图2.11　正面躯干的动态规律（模型比例画法请参考前面人体比例画法），注意红色线为躯干整体动态线（和脊椎线重合）。另外，需要说明的是，时装画人体动态是基于理想化模型下的造型，真实的乳房在弯曲挤压时的变形可以忽略不计

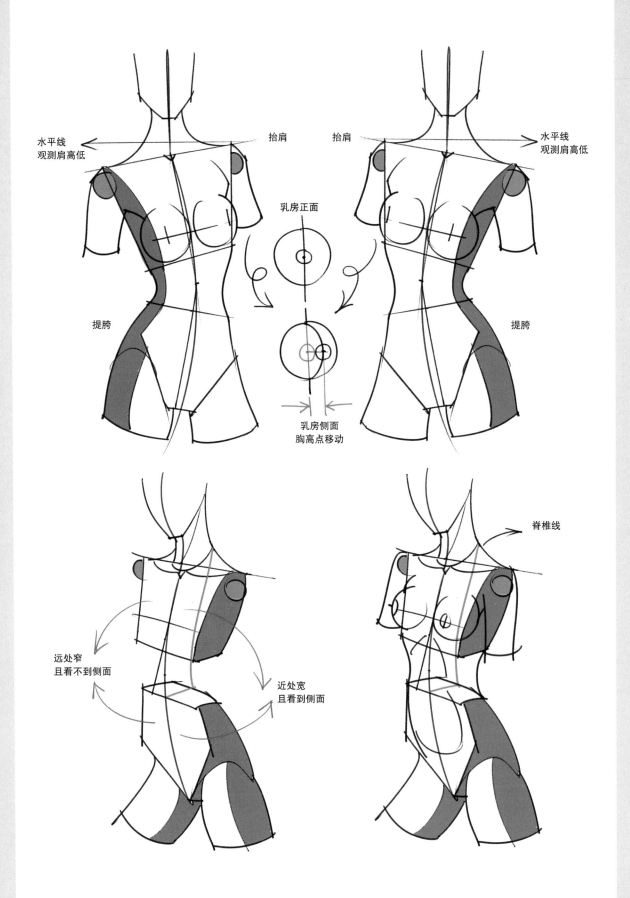

水平线
观测肩高低

抬肩

抬肩

水平线
观测肩高低

乳房正面

提胯

提胯

乳房侧面
胸高点移动

脊椎线

远处窄
且看不到侧面

近处宽
且看到侧面

图2.12 微侧和3/4转体透视，注意此时红色动态线和绿色脊椎线已不重合

2.2 四肢动态原理

在躯干动态的基础上，增加四肢的动态丰富了时装人体的造型变化。

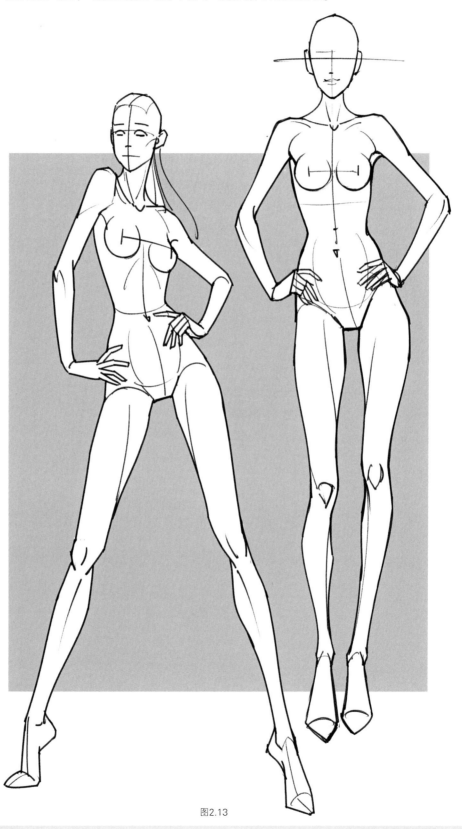

图2.13

再多看几个动态感受下：

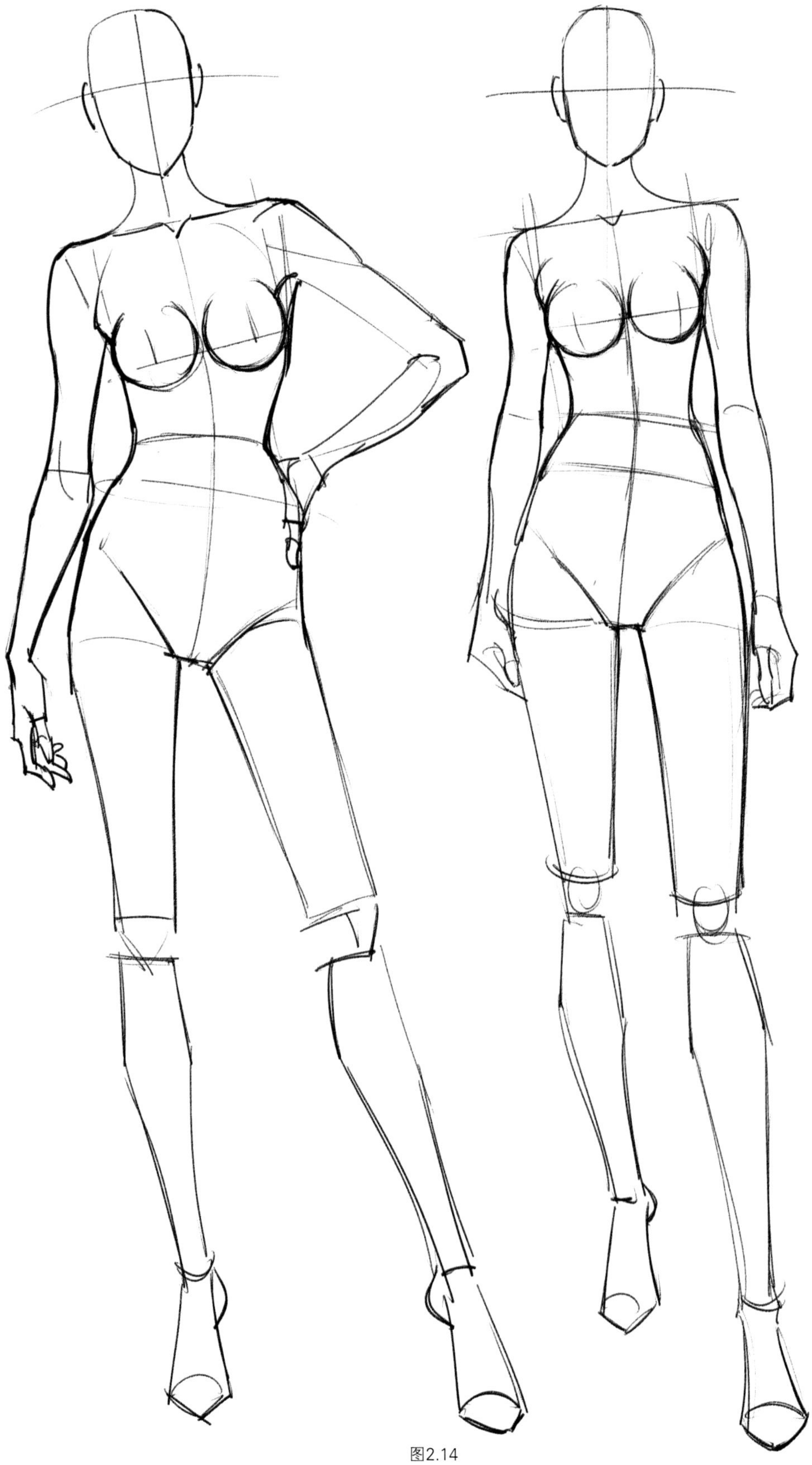

图2.14

从这些动态来看，躯干变化也不算大，就是左提胯或右提胯交替；一般的时装画动态，腿部也是左撑或右撑，变化多的是手臂或者腿部造型。

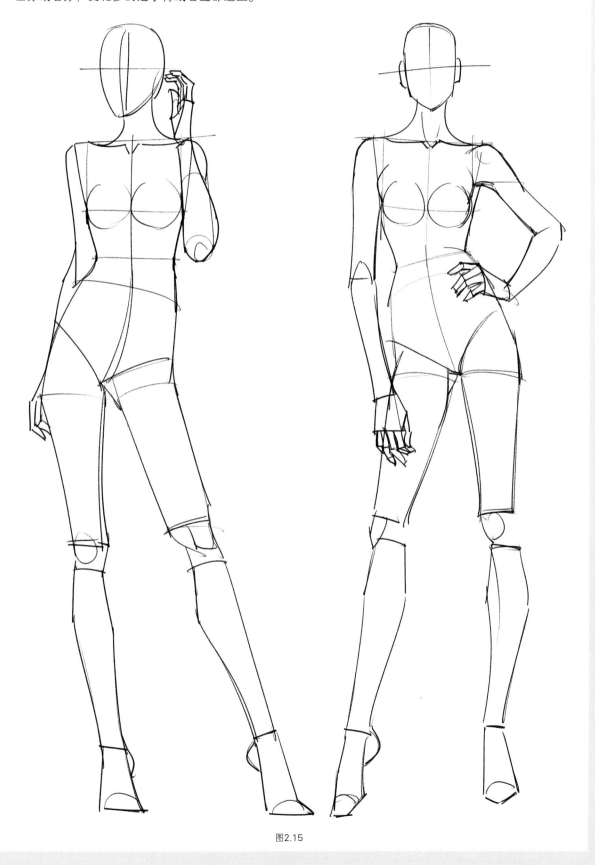

图2.15

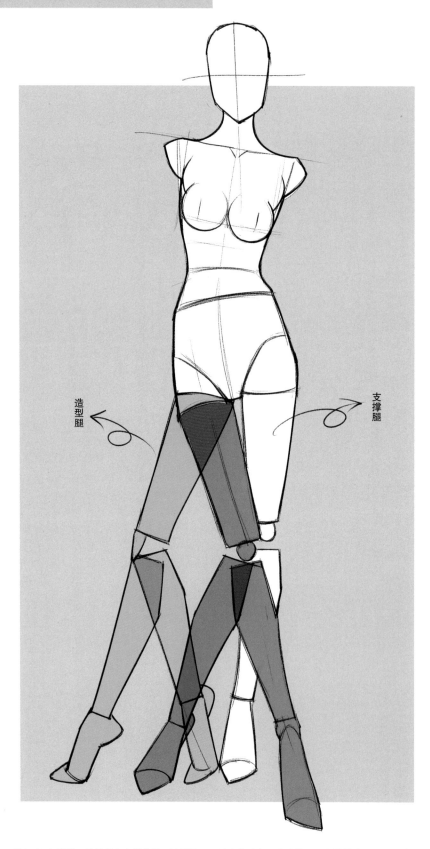

造型腿

支撑腿

图2.16 支撑腿：处于重心支撑的腿；造型腿：可以变化动态，和支撑腿一起维持身体平衡并丰富腿部形态的另一条腿

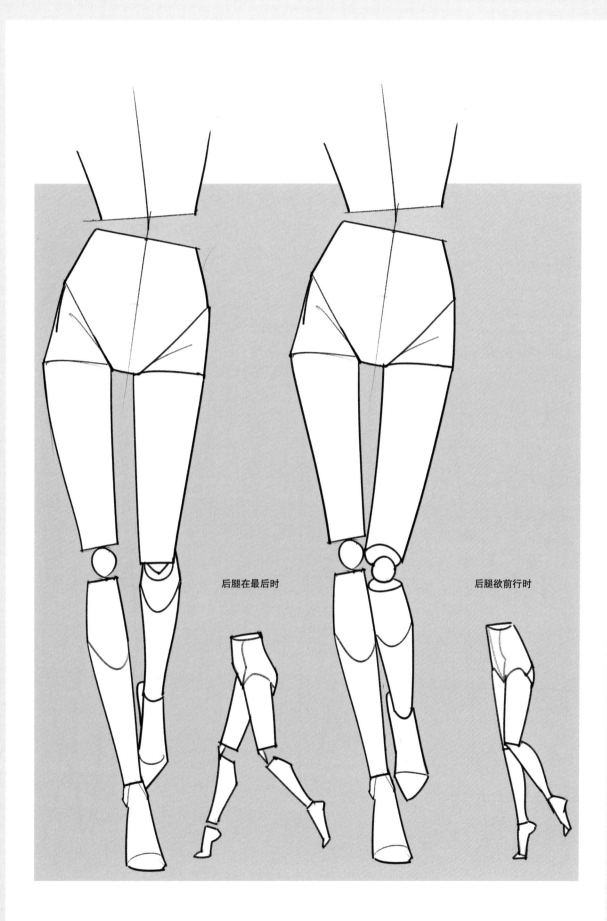

后腿在最后时

后腿欲前行时

图2.17 走动时，落地的腿成为支撑腿，而后腿由于和前腿有距离而产生透视，在正面看显得长度缩短

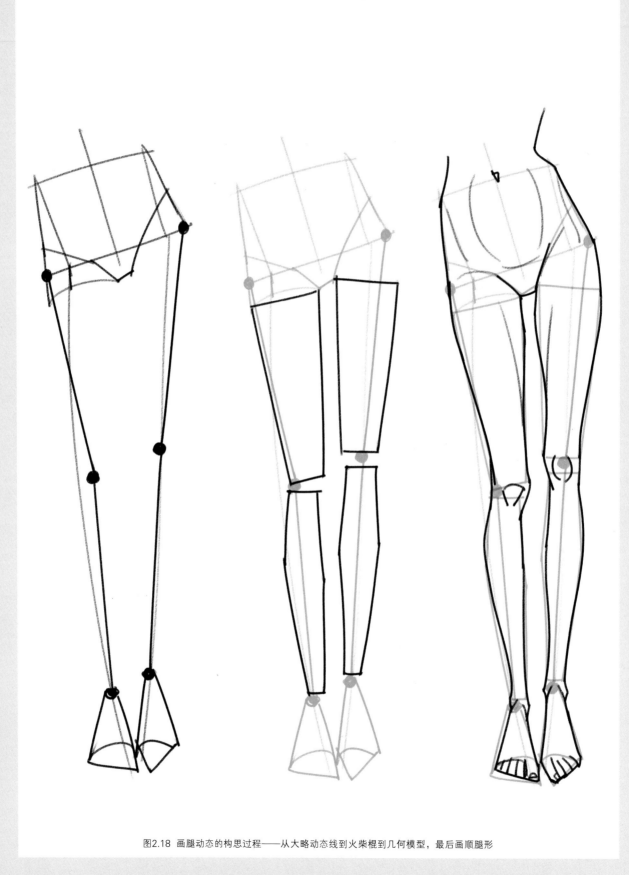

图2.18 画腿动态的构思过程——从大略动态线到火柴棍到几何模型，最后画顺腿形

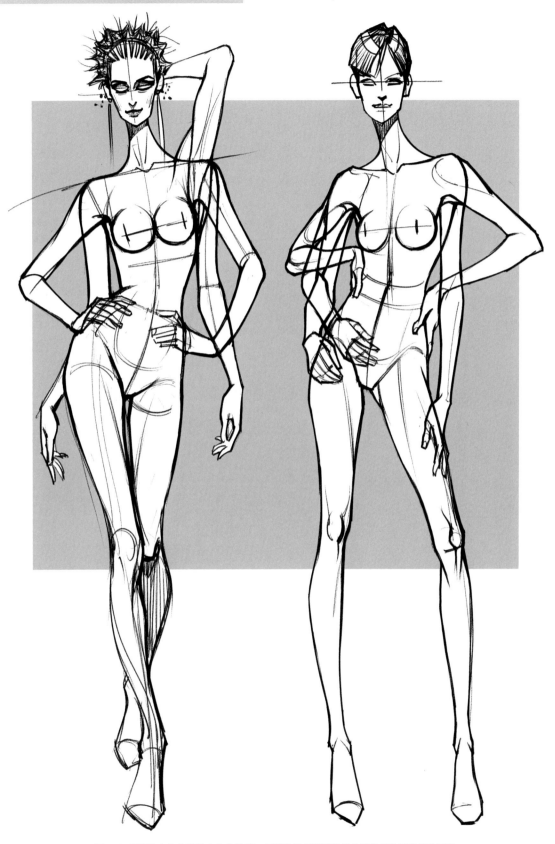

图2.19 手臂的变化丰富了人体的造型，同时为展示服装的相关部位提供了更多的可能

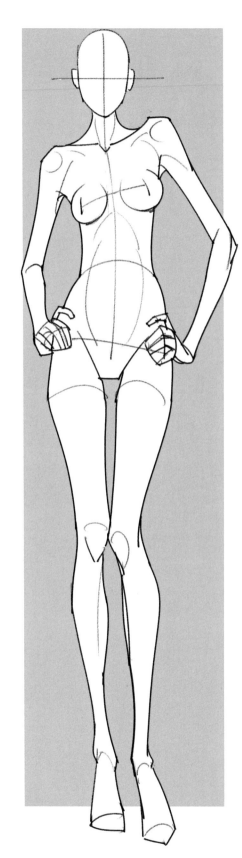

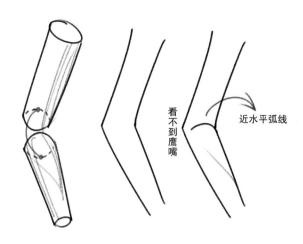

看不到鹰嘴

近水平弧线

非侧面手臂：弯曲的肘，上臂轮廓线几乎平行；前臂肘向腕处由粗到细。在转折处的转折线描绘，此线的特征表示看不到鹰嘴

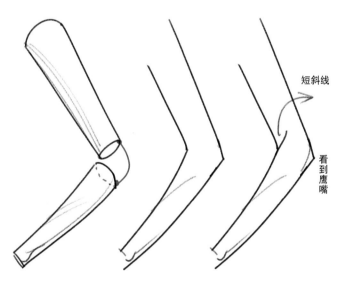

短斜线

看到鹰嘴

侧面手臂：弯曲的肘，上臂轮廓线几乎平行；前臂肘向腕处由粗到细。在转折处的转折线描绘，此线的特征表示看不到鹰嘴

图2.20 产生动态时，手臂肘部的局部细化，常用弯肘画法，正对和侧面的特征描绘，须牢记下来

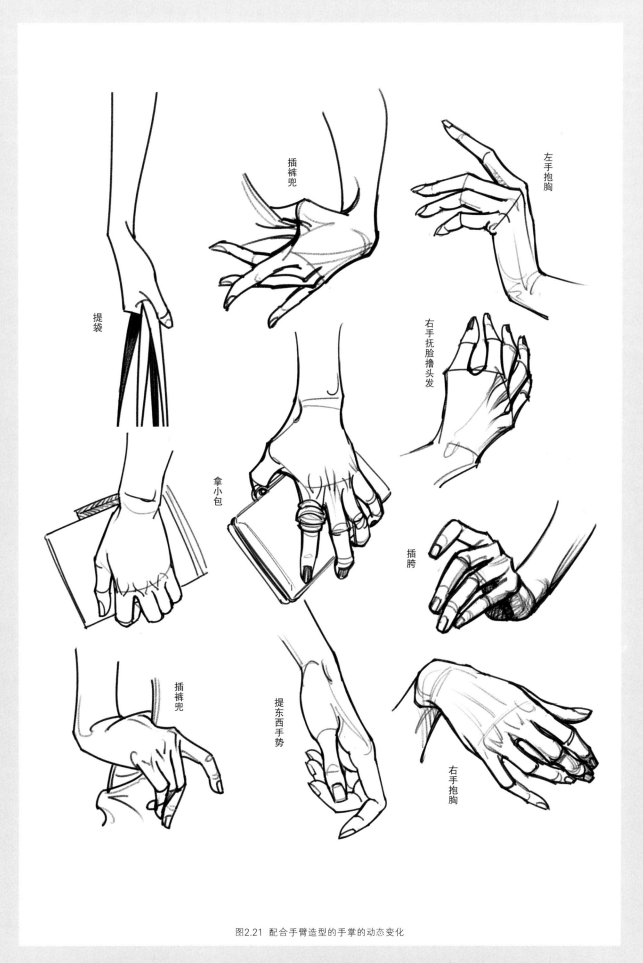

插裤兜

左手抱胸

提袋

右手抚脸撸头发

拿小包

插胯

插裤兜

提东西手势

右手抱胸

图2.21　配合手臂造型的手掌的动态变化

3 时装画动态描绘篇

在熟练掌握好人体比例大框架以及人体动态规律后，就要尝试着将这些要点技能加以运用，根据实际的服装、着装风格，来搭配相应的动态造型感觉。本篇就是动态应用的细分篇。

根据不同的服装品类和设计风格来设计动态，常言道：一种生活态度就是一种生活方式的表现。人们的举止行为往往和其生活状态、工作性质有很大的关联。自然，相应的服装品类和风格就会有相应的动态相配合，反之，某种动态也会与相应的服装类别和风格相适应。

图3.1 动态与着装风格的统一是设计概念完整性的一部分

3.1 职业套装动态

　　动态特征：职业装代表着装者的职业状态和职业精神，一般不会有过多的花哨造型，多为严谨精干的效果，偶尔也会辅以轻松的细节，但整体一定不会过于夸张，更不会有性感的意味。

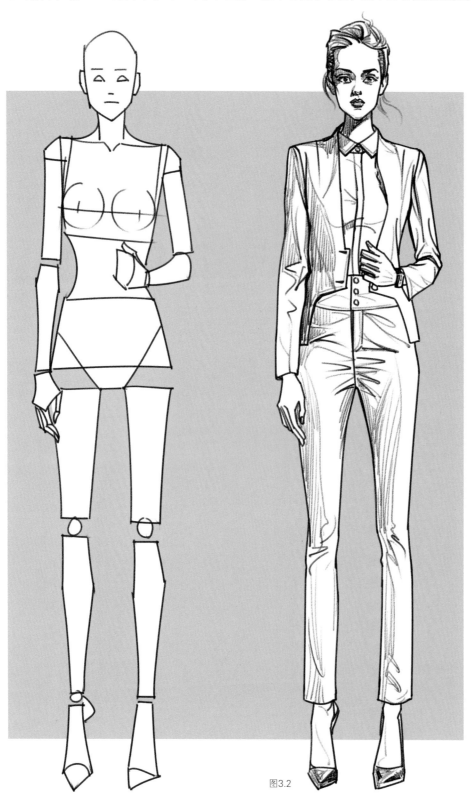

图3.2

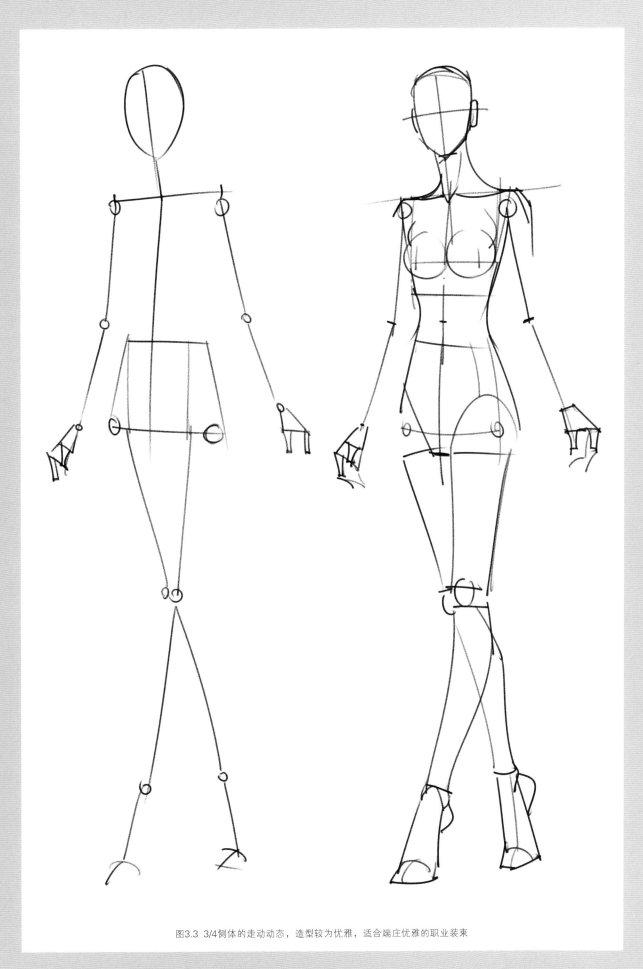

图3.3 3/4侧体的走动动态，造型较为优雅，适合端庄优雅的职业装束

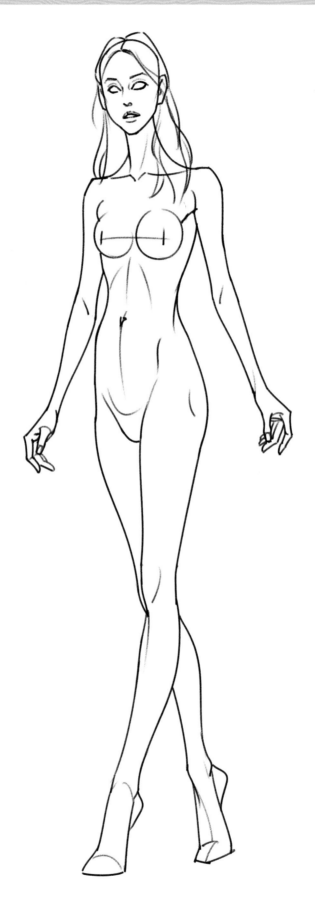

图3.4 直接描绘易产生透视上的问题，但按步骤一二规划再到这一步就容易多了

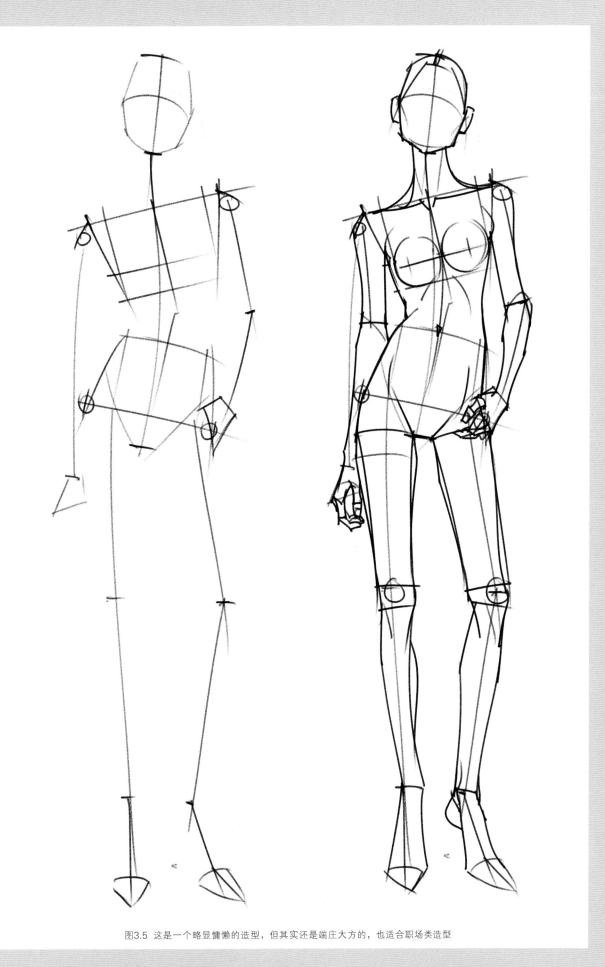

图3.5 这是一个略显慵懒的造型，但其实还是端庄大方的，也适合职场类造型

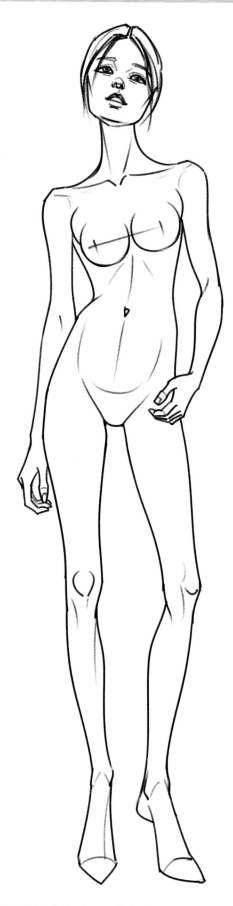

图3.6 头稍歪又前抬的造型，也可以理解为稍作放松状态下的严谨职场的动态效果

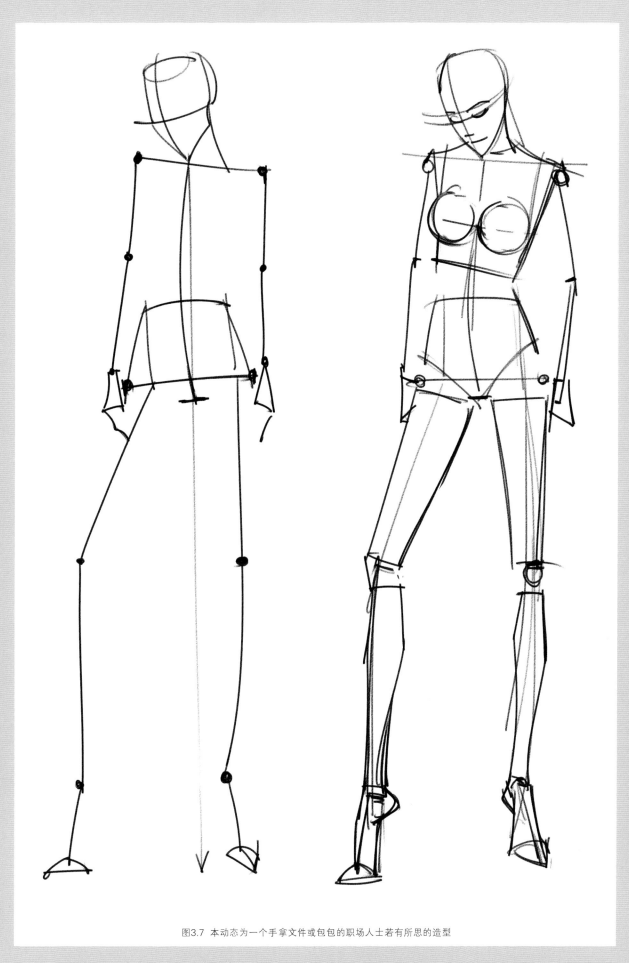

图3.7 本动态为一个手拿文件或包包的职场人士若有所思的造型

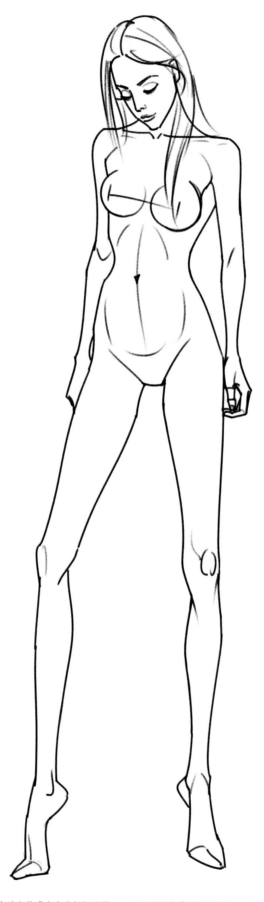

图3.8 本动态的难点在头部低垂状，一双手臂稍作弯曲且因透视正面看，感觉并非明显

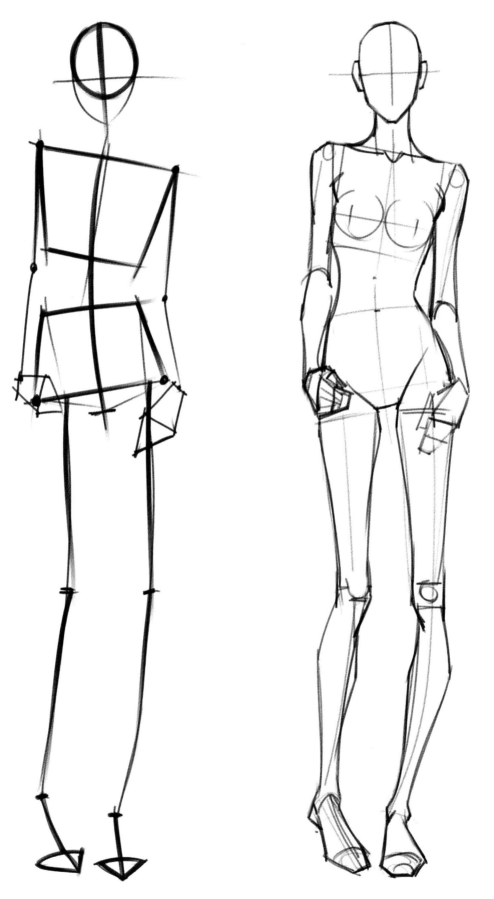

图3.9 正面站立造型，双手紧插裤子口袋

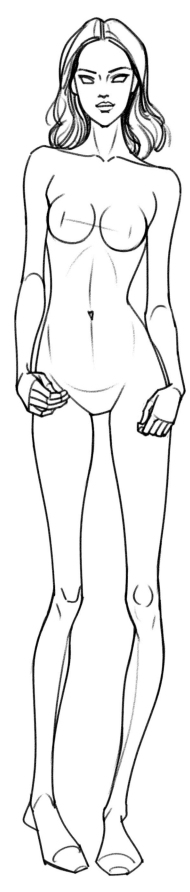

图3.10 注意腿部造型的右腿，微弯膝盖，脚掌向内收，形成动态的特色

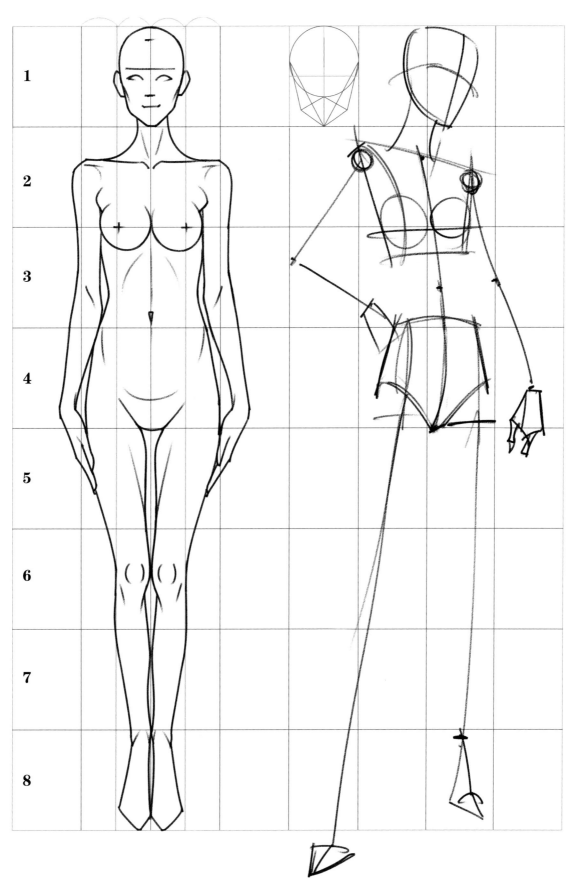

图3.11 和直立造型对比，体会动态变化的产生（注意红色线的转折象征意义）

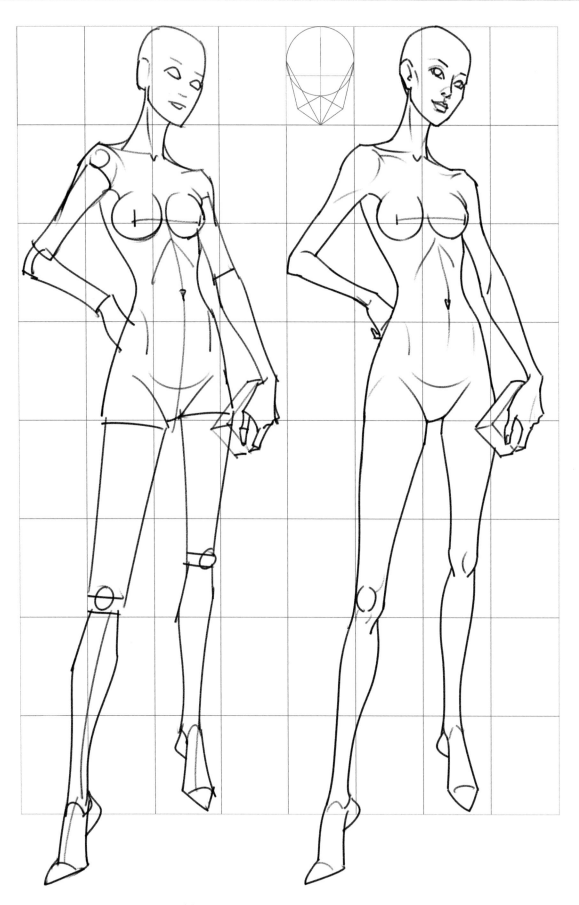

图3.12 九宫格概念让读者更容易理解动态及外形，以及基本比例形态在产生动态时是如何转换的

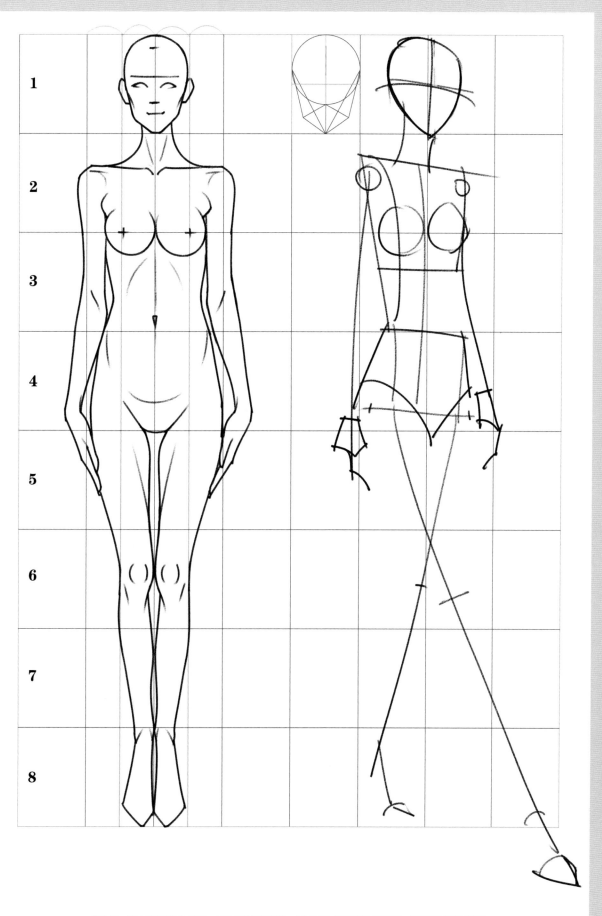

图3.13 走动的3/4侧体动态，画起来有些难度，但可以先分析好透视原理，再画草图打好基础

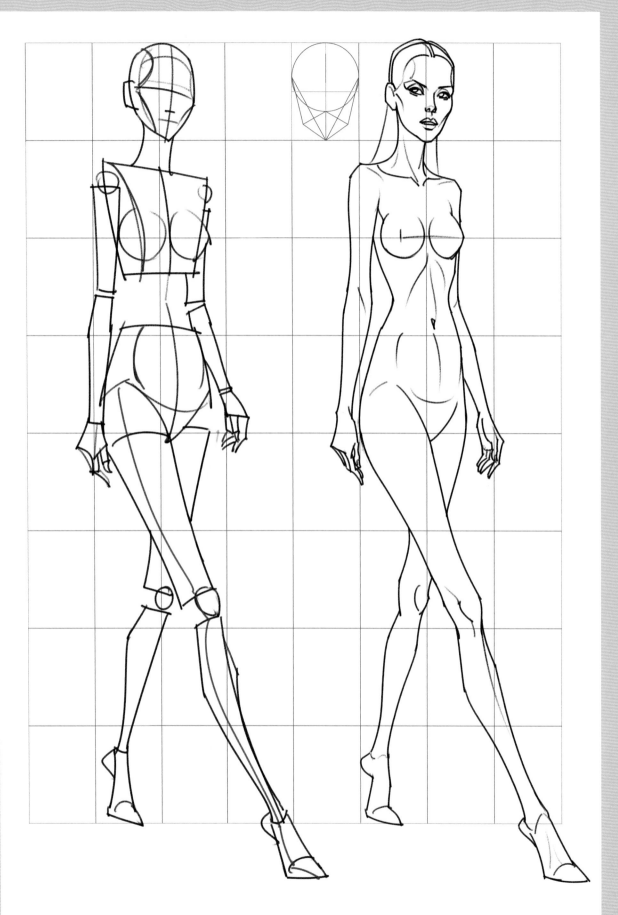

图3.14 由于透视，一定会明显看到人体侧身，注意红线的转折示意。腿部由于透视，处理成大小长短不一的效果

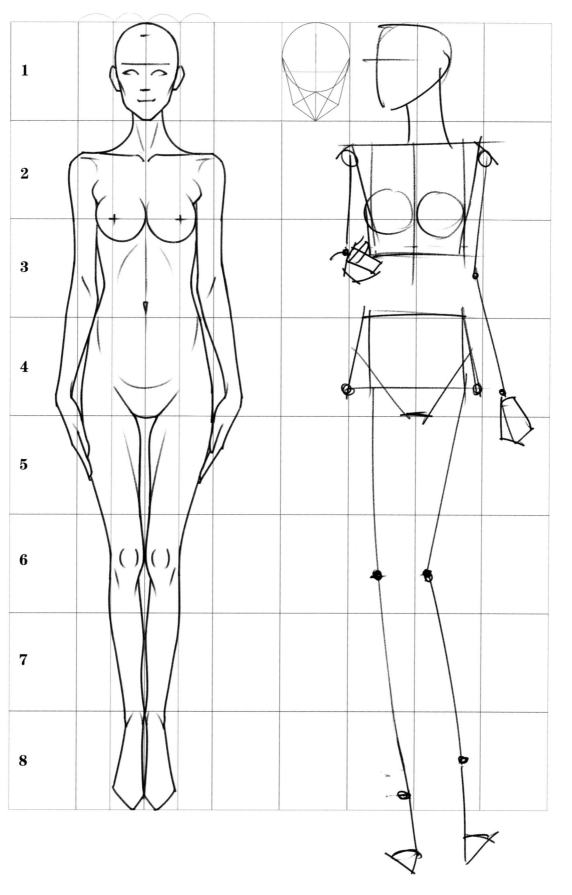

图3.15 入门初学动态，最好从与直立相接近的动态画起，如本例，躯干正常，头及四肢有变化

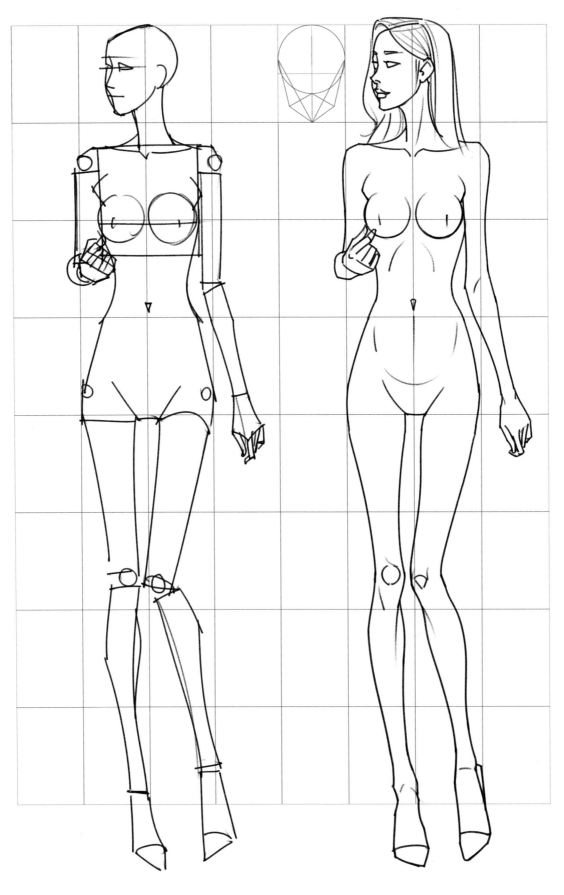

图3.16 动态不是指幅度变化很大才美，细微改变，哪怕是四肢的一些变化，也会使动态有特别的效果

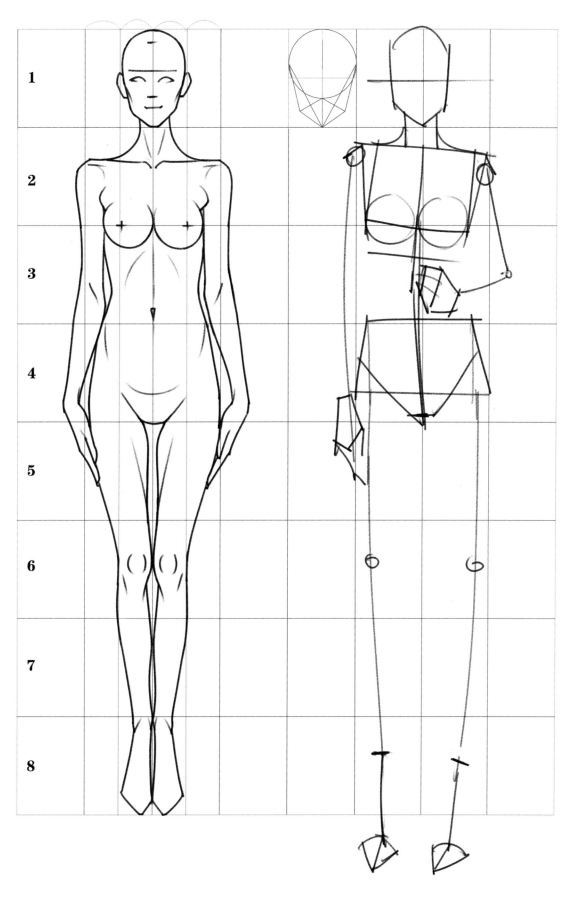

图3.17 正常几乎直立的动态，左手执驳领尾端效果

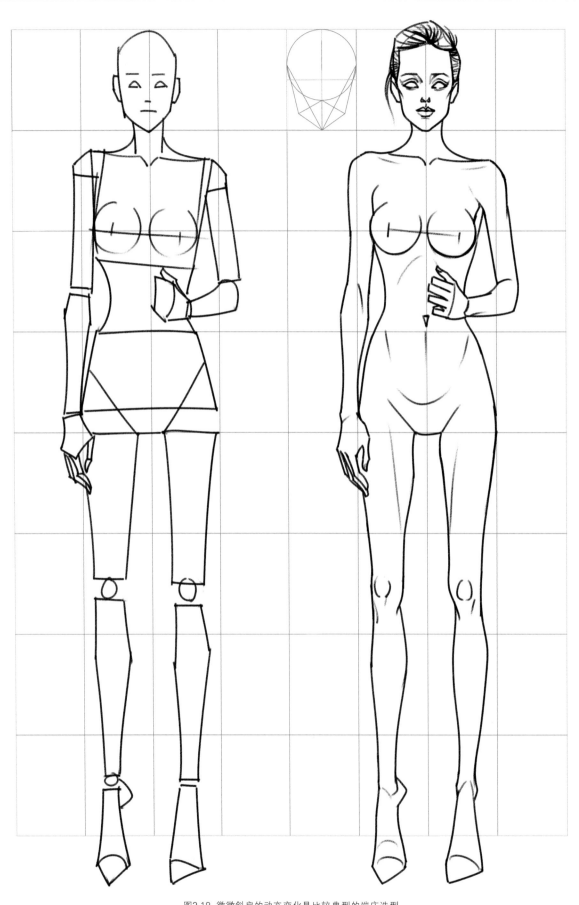

图3.18 微微斜肩的动态变化是比较典型的端庄造型

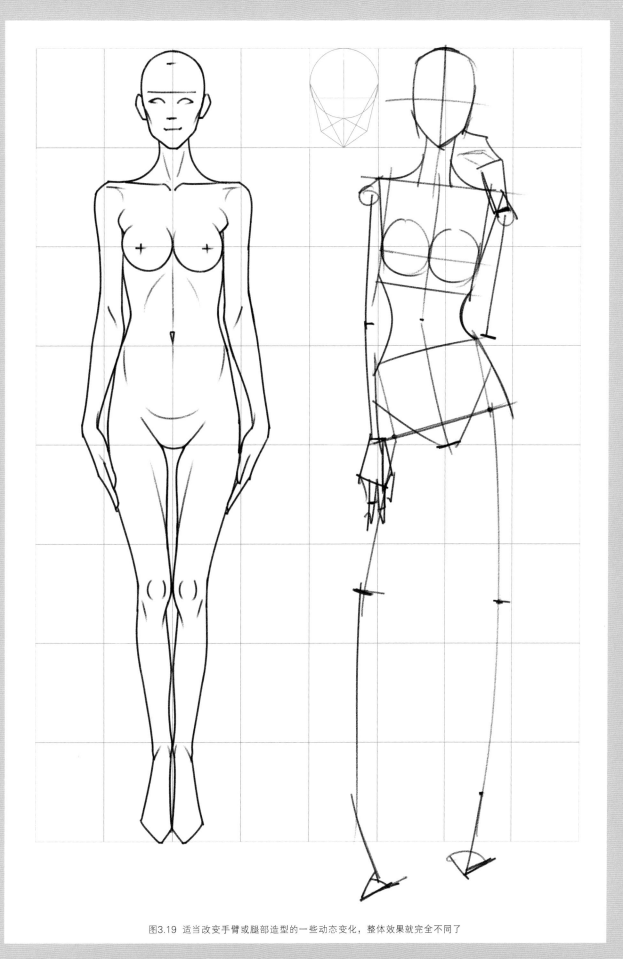

图3.19 适当改变手臂或腿部造型的一些动态变化，整体效果就完全不同了

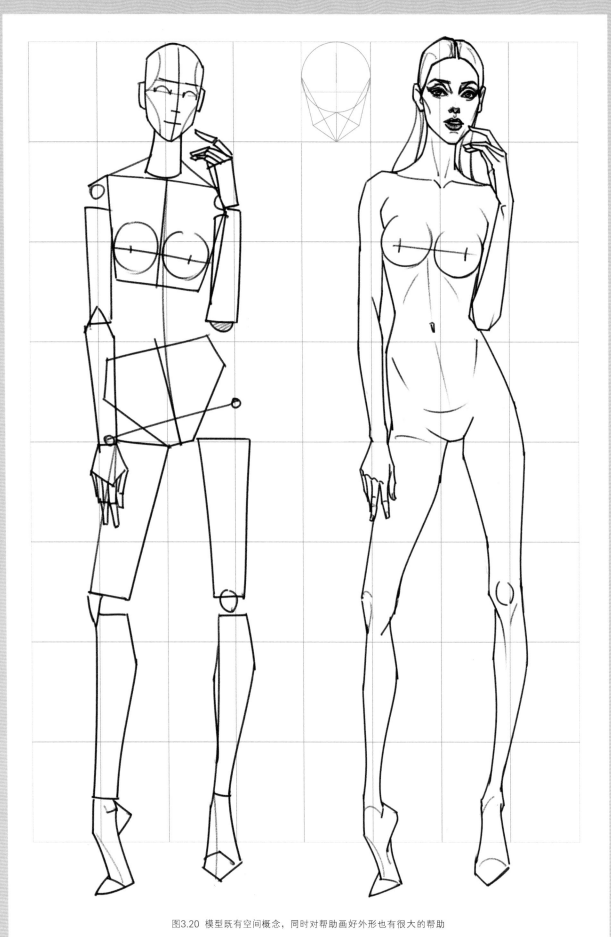

图3.20 模型既有空间概念，同时对帮助画好外形也有很大的帮助

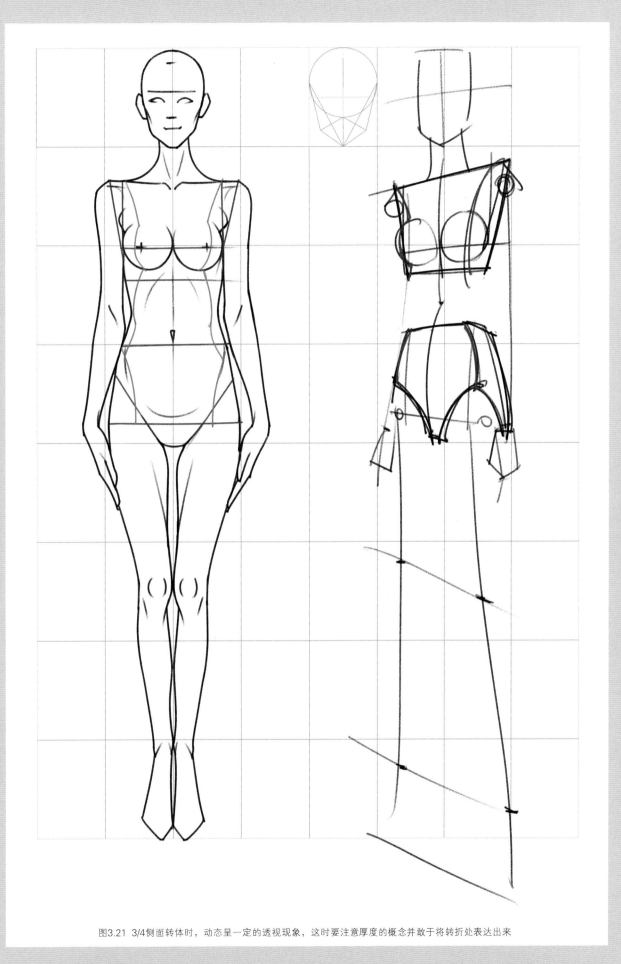

图3.21 3/4侧面转体时，动态呈一定的透视现象，这时要注意厚度的概念并敢于将转折处表达出来

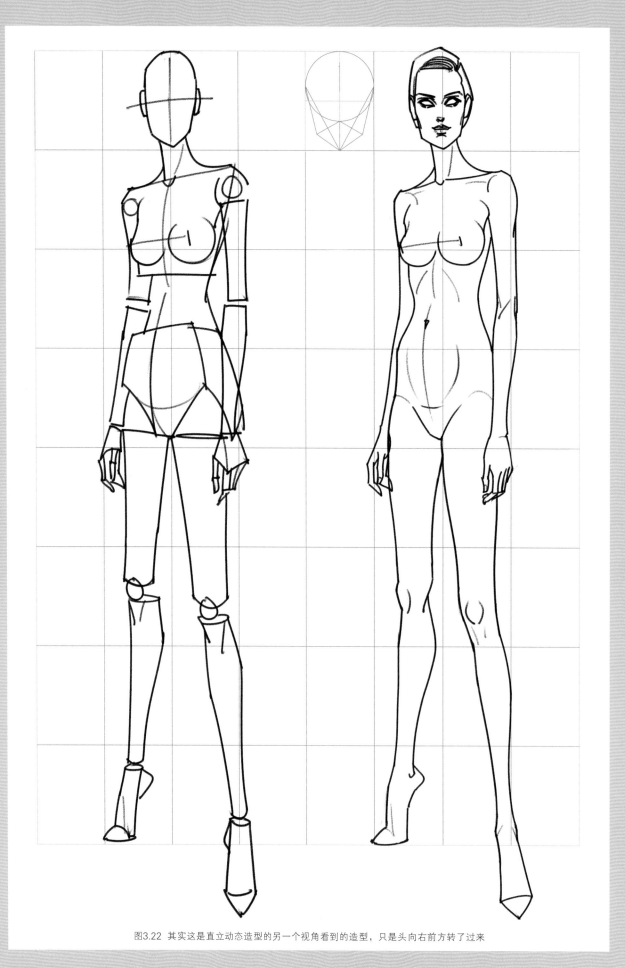

图3.22 其实这是直立动态造型的另一个视角看到的造型，只是头向右前方转了过来

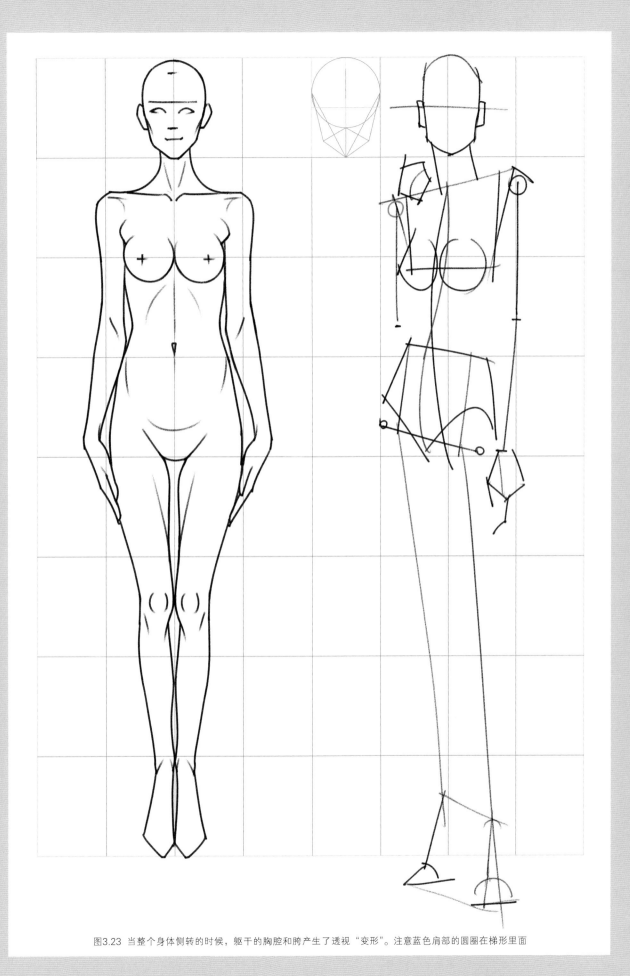

图3.23 当整个身体侧转的时候，躯干的胸腔和胯产生了透视"变形"。注意蓝色肩部的圆圈在梯形里面

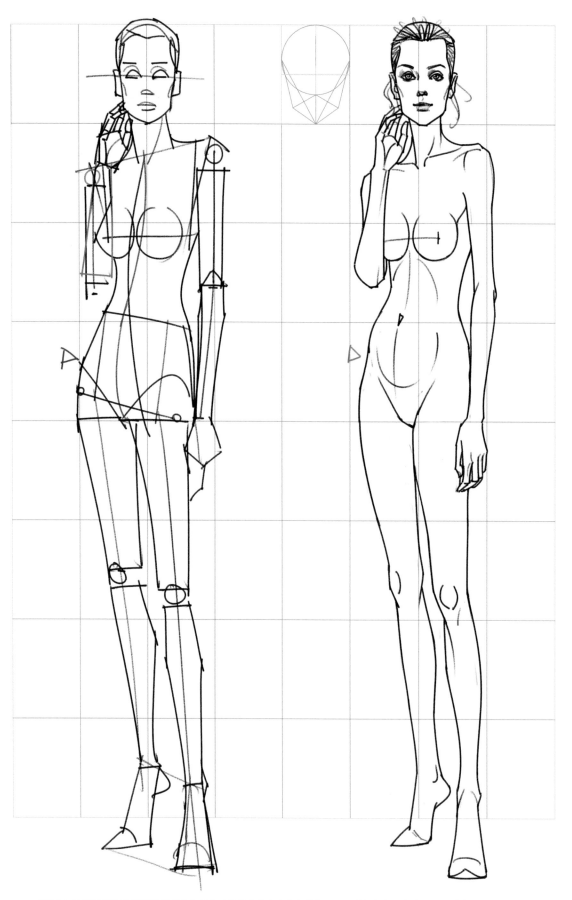

图3.24 注意模型的黑色(总体趋势)和红色（实际趋势）人体中线的不同。胯部红色三角实际是凹进去的（右图蓝色）

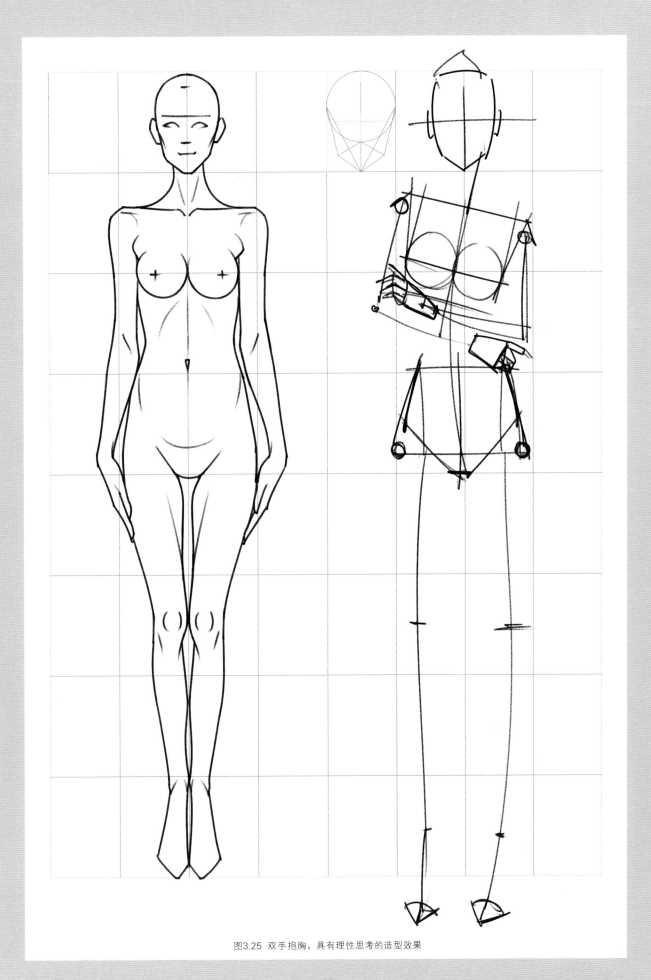

图3.25 双手抱胸，具有理性思考的造型效果

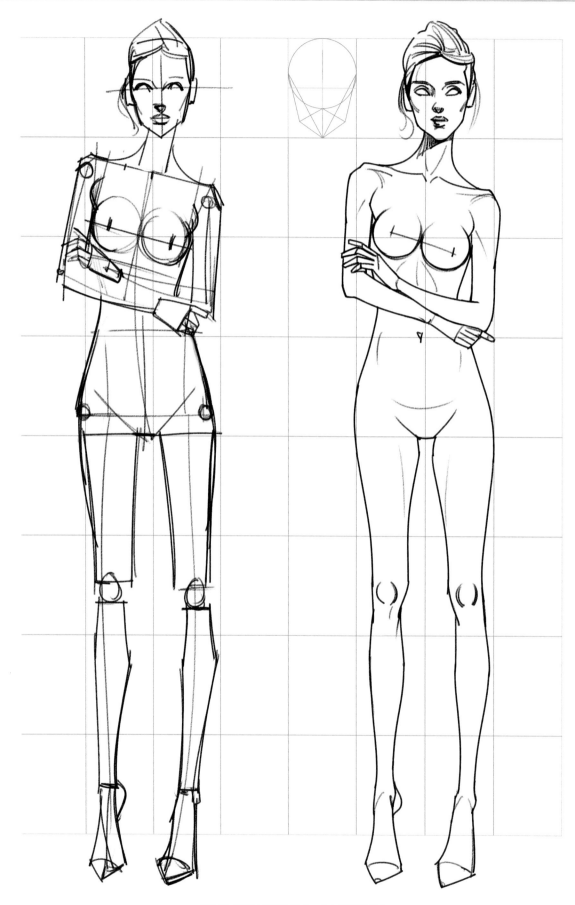

图3.26 严谨中带些许变化，比如适当的斜肩

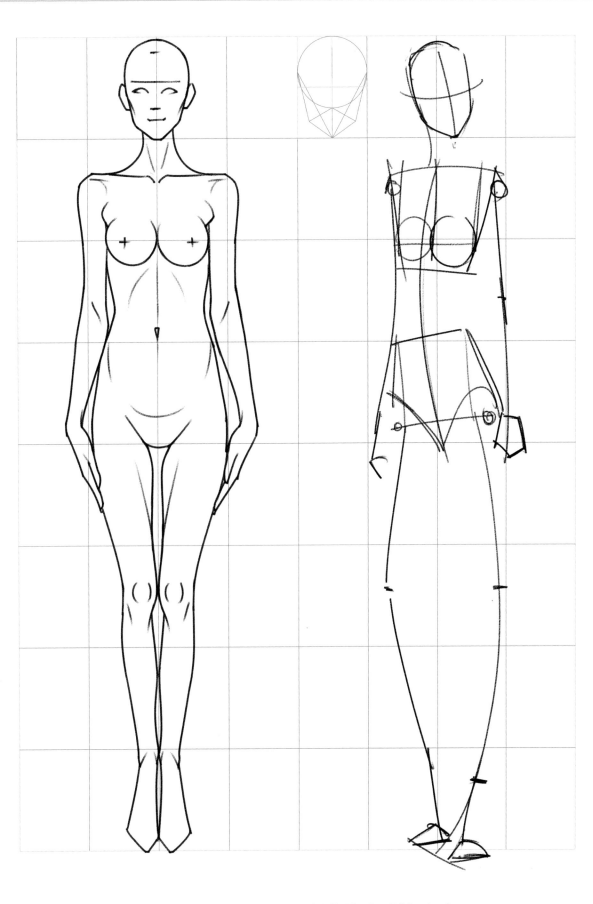

图3.27 草图的时候一定要把关键的动态趋势辅助线画好，关节位置提示好

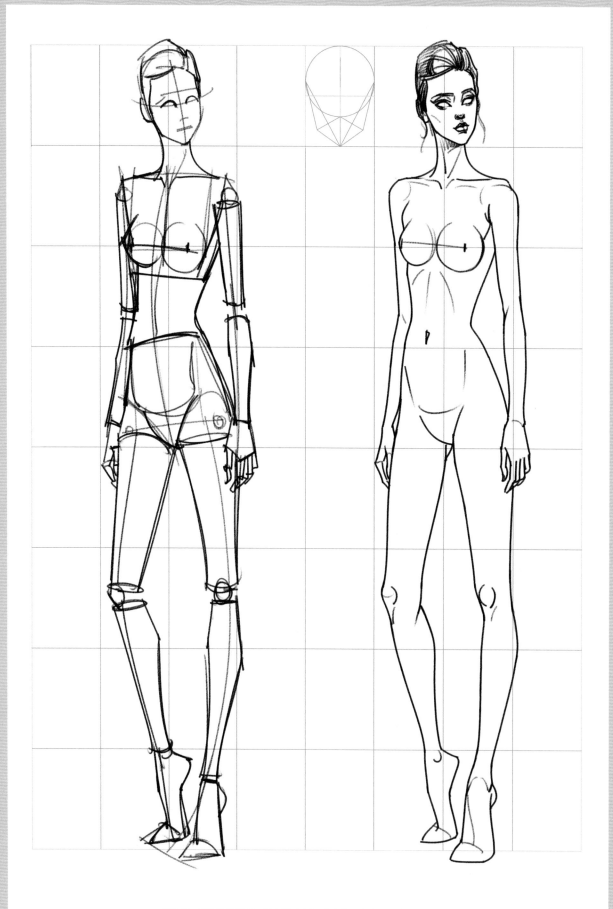

图3.28 身体侧转以后，腿部的比例要注意的是变宽了（全侧时最宽）

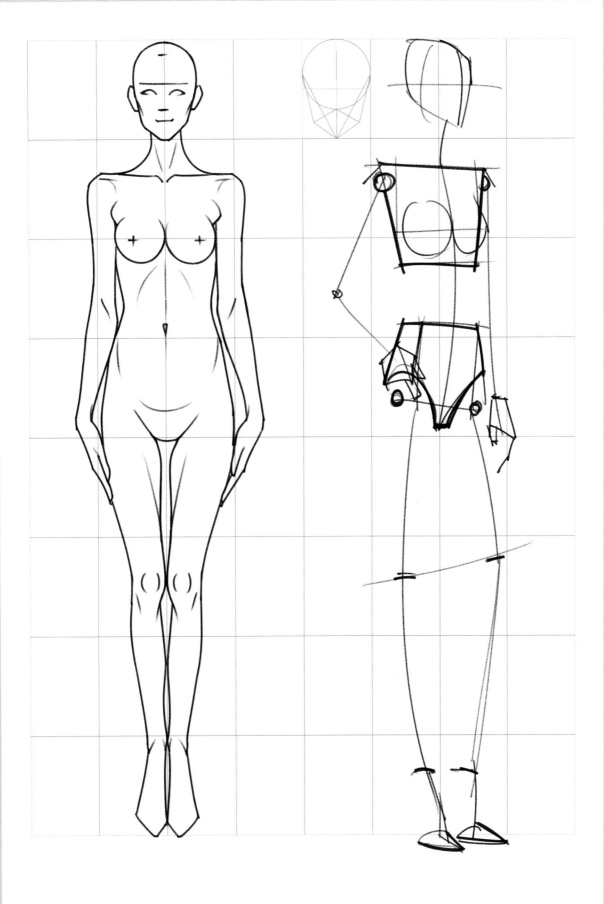

图3.29 手臂在侧转的时候，如果还弯曲叉腰，要注意远和近的手臂长度有变化

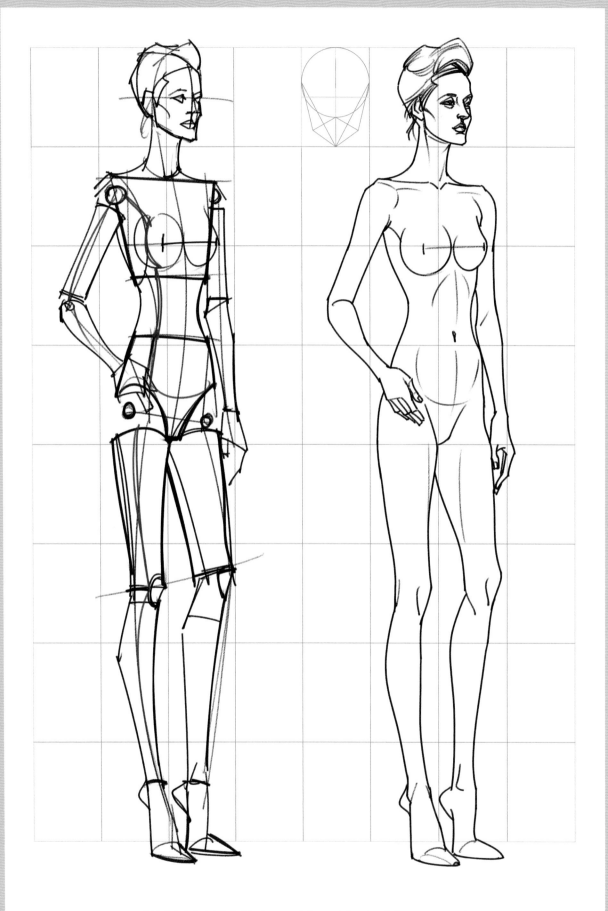

图3.30 侧身的红色线为身体的转折线，和对应的另一边有呼应。弯曲的手，可以考虑插裤袋口

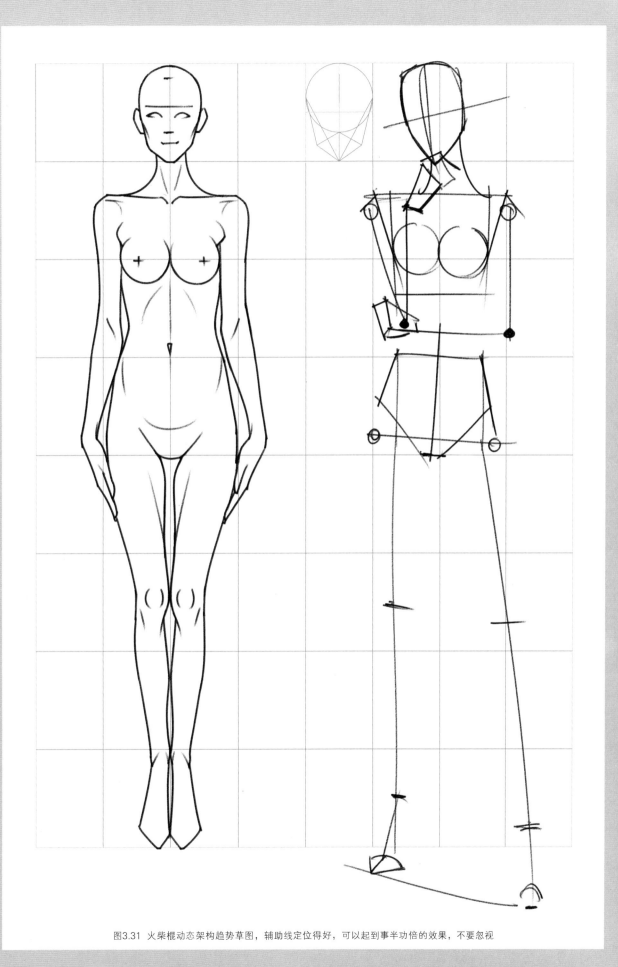

图3.31 火柴棍动态架构趋势草图，辅助线定位得好，可以起到事半功倍的效果，不要忽视

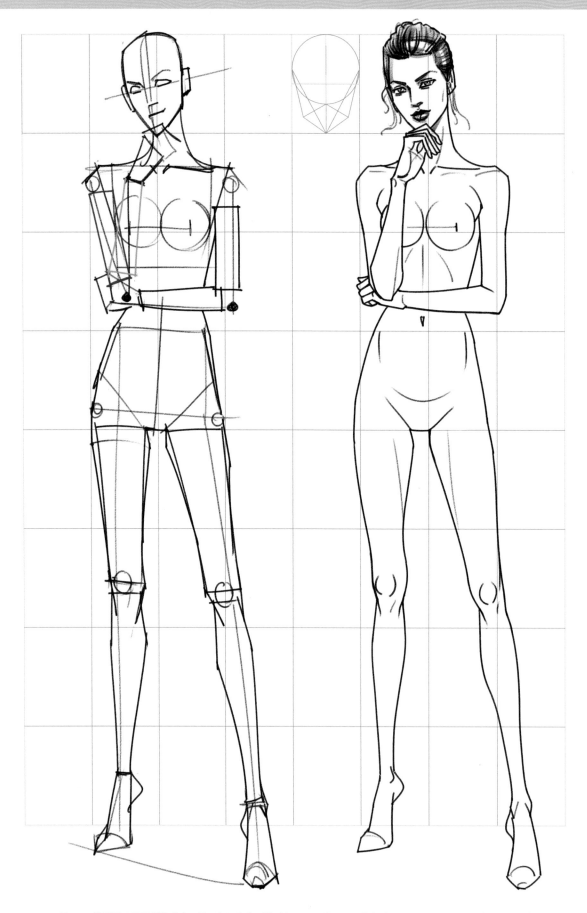

图3.32 模型不需要画得很准确，最后在画顺外形的时候还可以进一步调整完善，当然，只是针对单练习人体而言

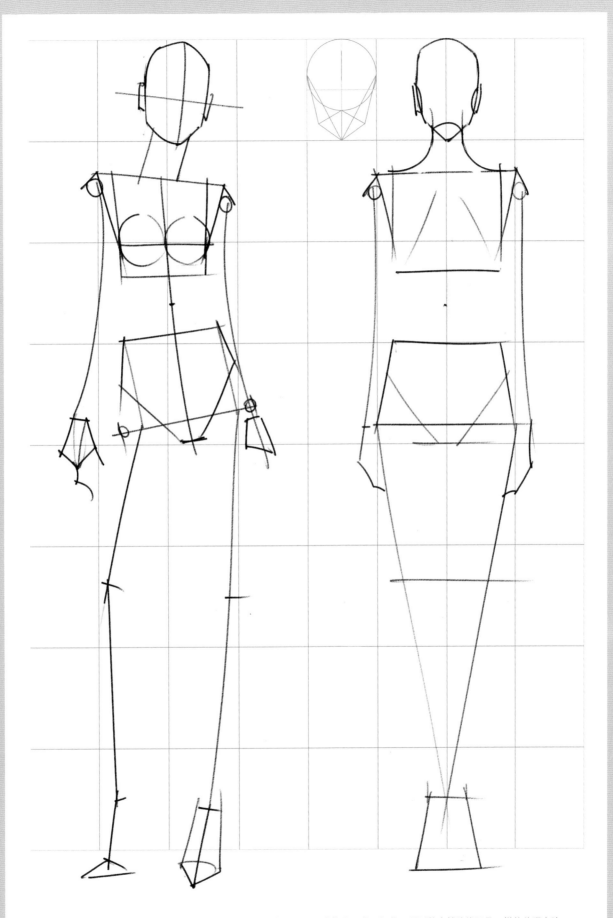

图3.33 款式展示图有时也需要背面的效果，背面其实就是正面的轮廓＋背面细节，所以基本辅助线还是一样的处理方法

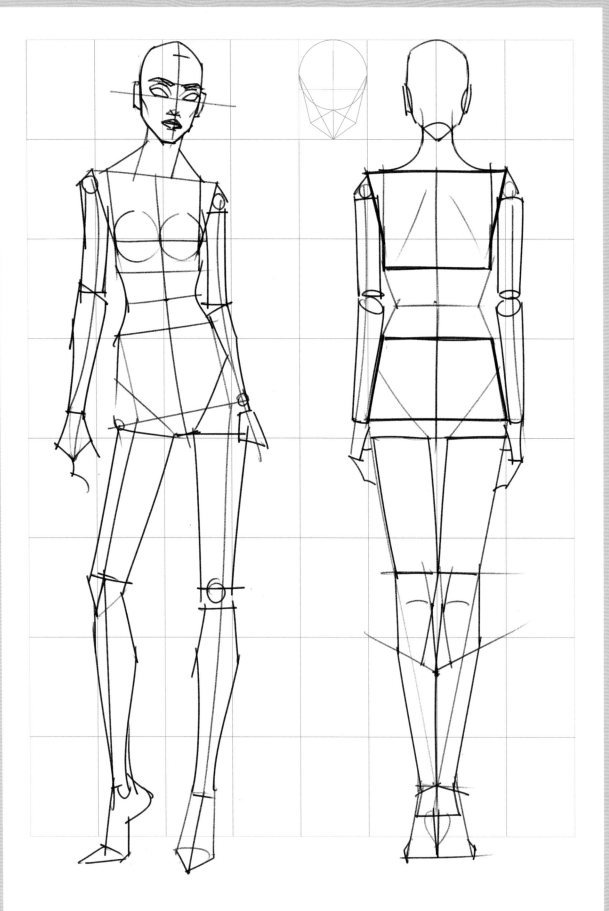

图3.34 模型的使用上，也和正面差不多，注意肘部的柱形截面。一般情况下，正面展示的动态在背面多以直立展示为主

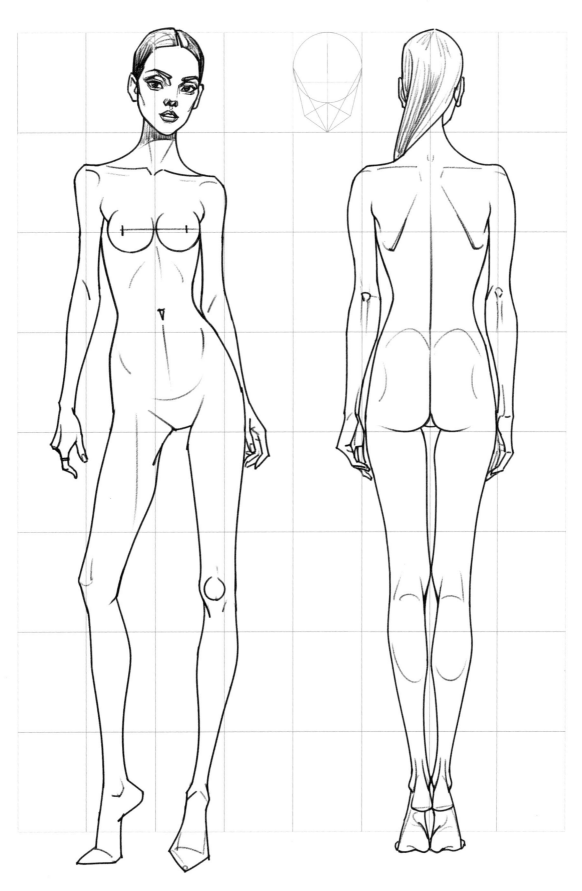

图3.35 背面的细节关键：肩胛骨处、鹰嘴肘部、臀部底部轮廓线、后腘窝、足跟

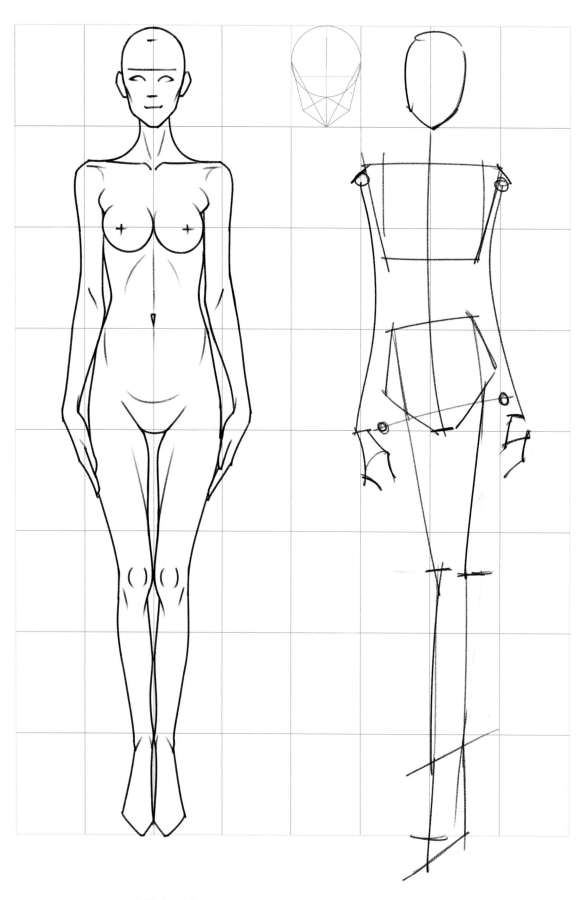

图3.36 此动态很显端庄，造型腿自然向支撑腿并拢，两手臂自然下垂，其中左右手皆可拿物

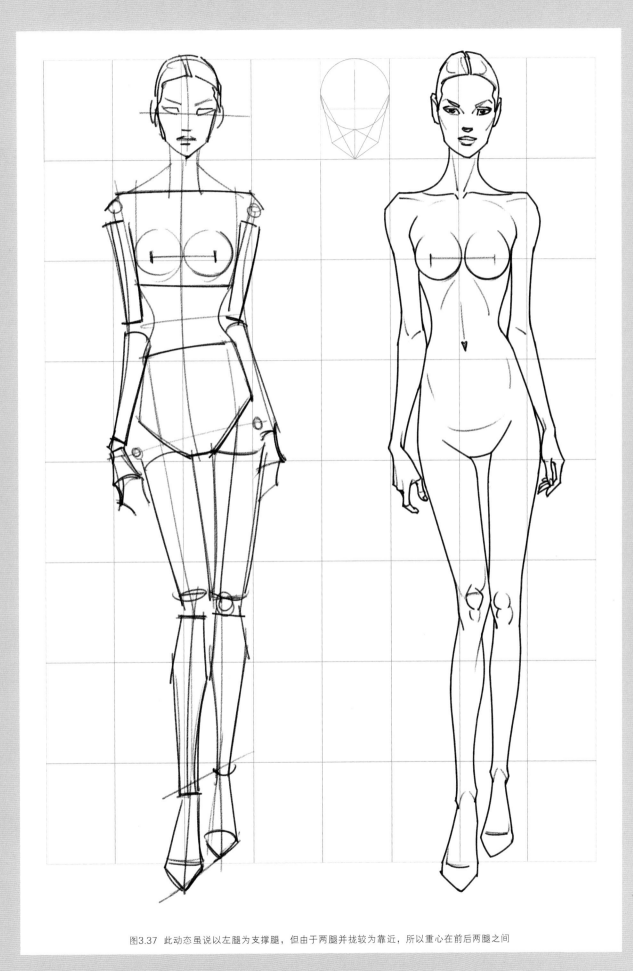

图3.37 此动态虽说以左腿为支撑腿，但由于两腿并拢较为靠近，所以重心在前后两腿之间

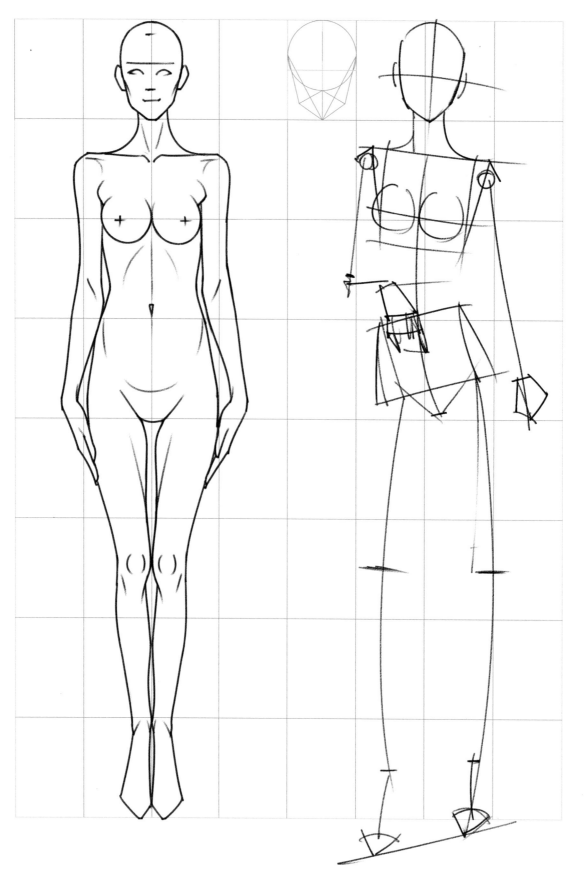

图3.38 腿部动态不变，手臂换造型，也能营造不一样的动态效果

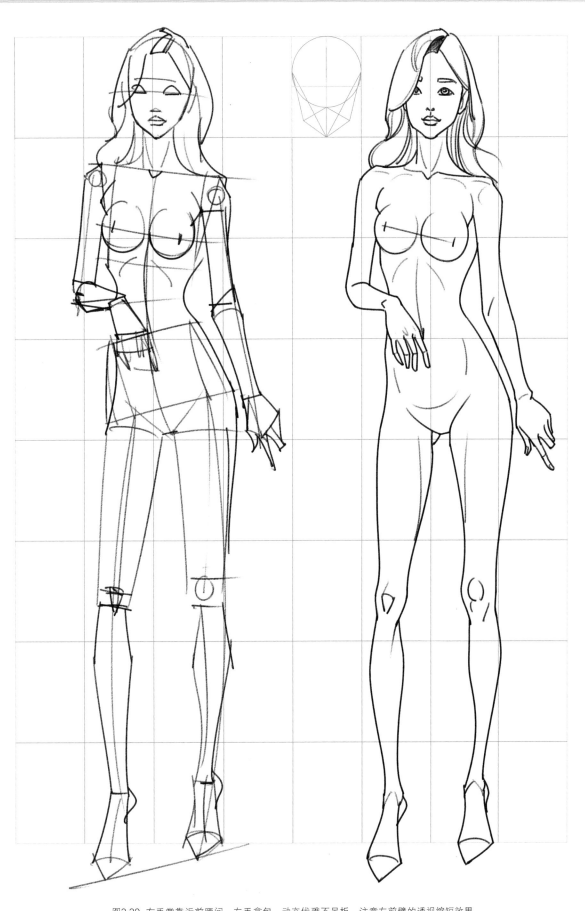

图3.39 右手掌靠近前腰间，左手拿包，动态优雅不呆板。注意左前臂的透视缩短效果

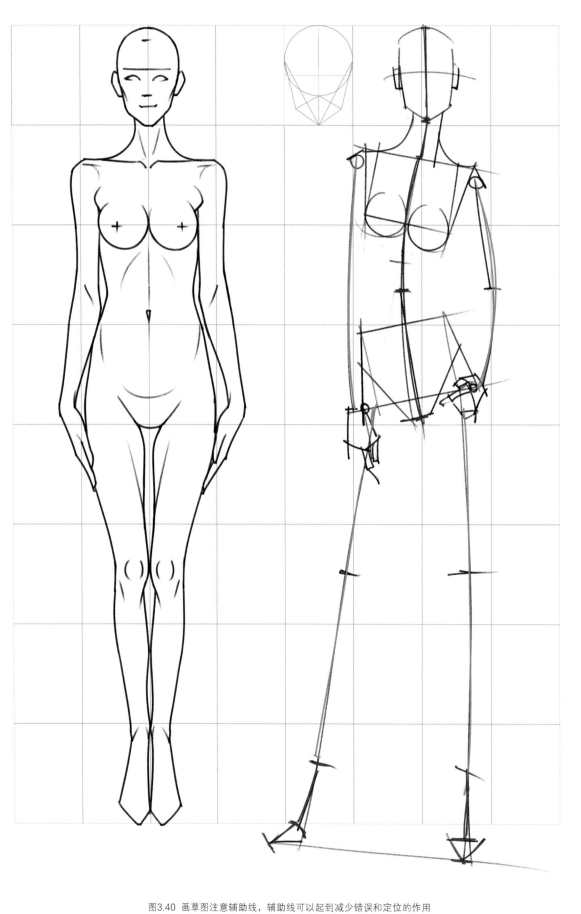

图3.40 画草图注意辅助线，辅助线可以起到减少错误和定位的作用

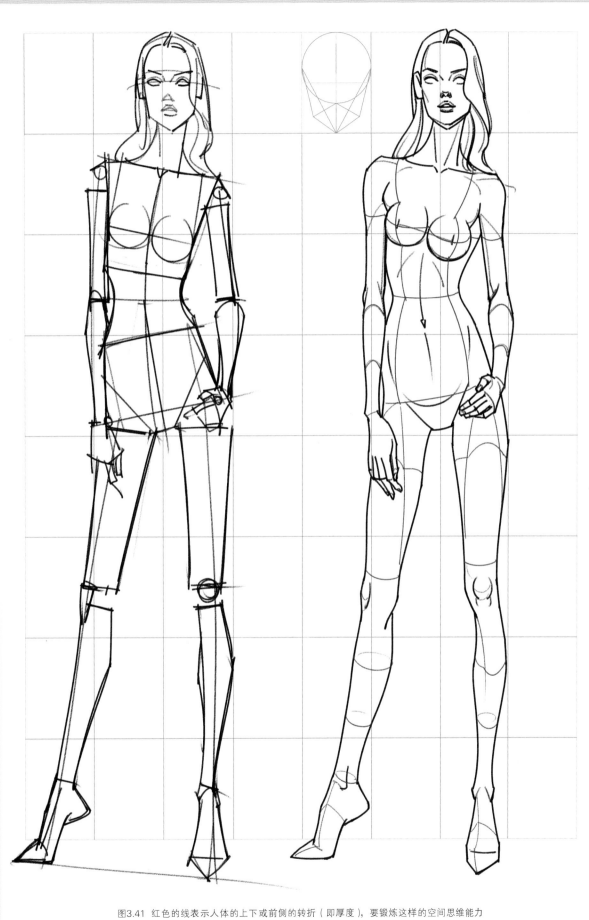

图3.41 红色的线表示人体的上下或前侧的转折（即厚度），要锻炼这样的空间思维能力

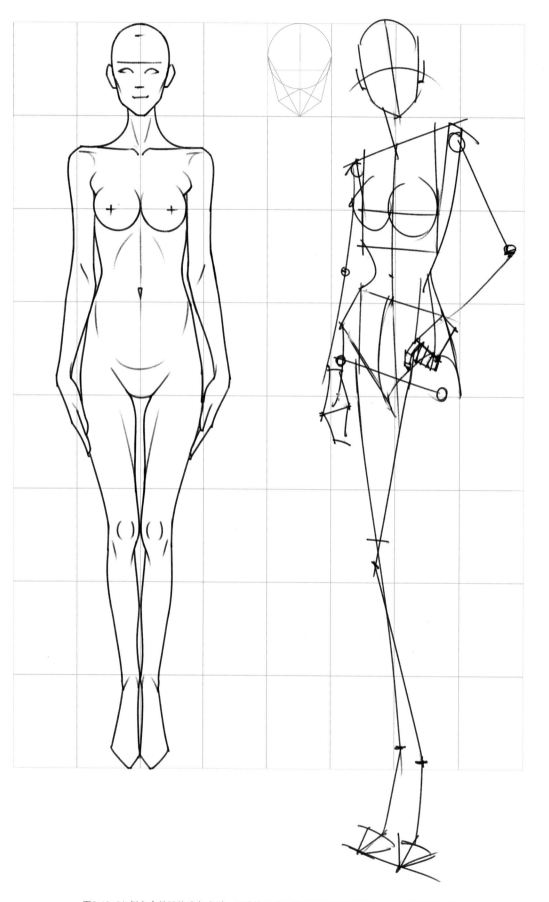

图3.42 3/4侧身合并腿的动态造型，近处的手臂比转过去的要画得稍长，才会看起来自然

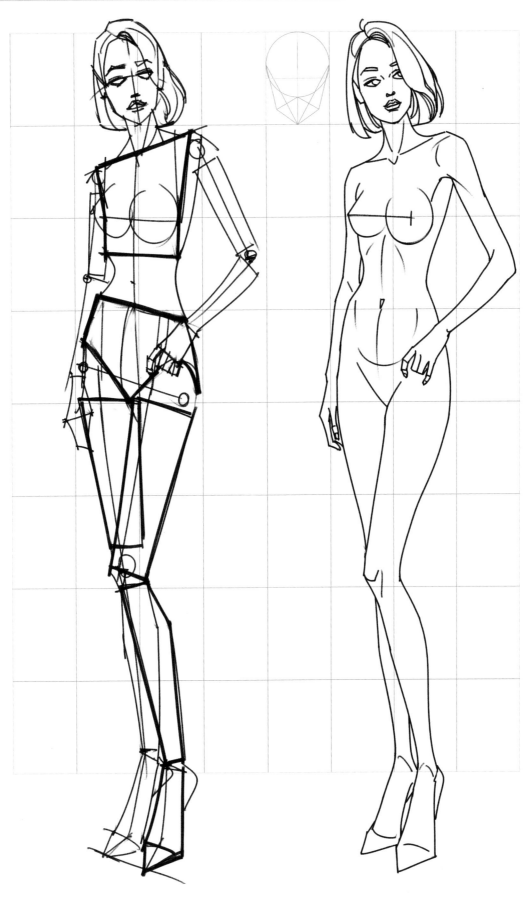

图3.43 被挡住的腿看不到，要画得正确，必须要有一定的想象力。不然，根据模型来画显得更容易

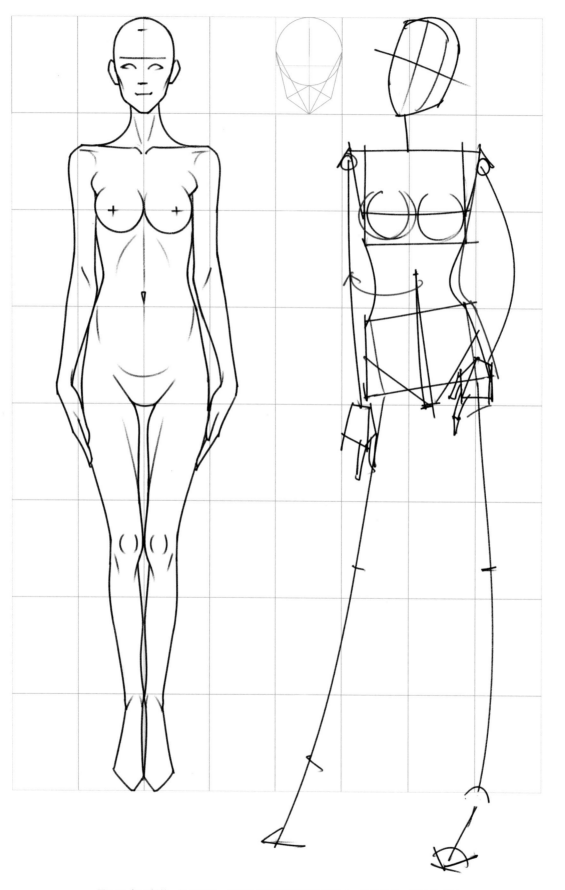

图3.44 躯干侧转，似是而非。关键是看胸部出胸腔模型多少，出得越多，侧转越明显

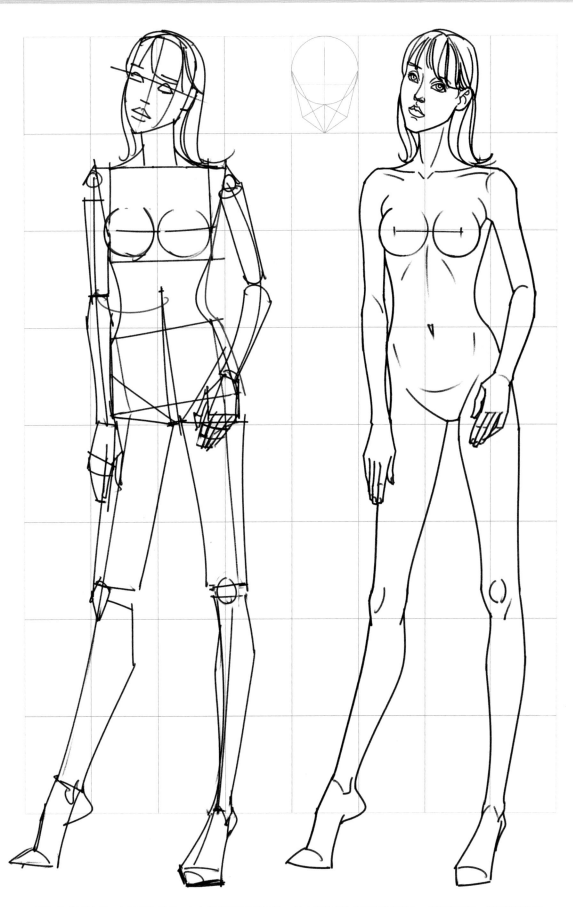

图3.45 胯部也是，如果产生侧转，左右的轮廓线不再对称。如本图的左胯的后面稍作转向，在前方看到一些后臀的效果

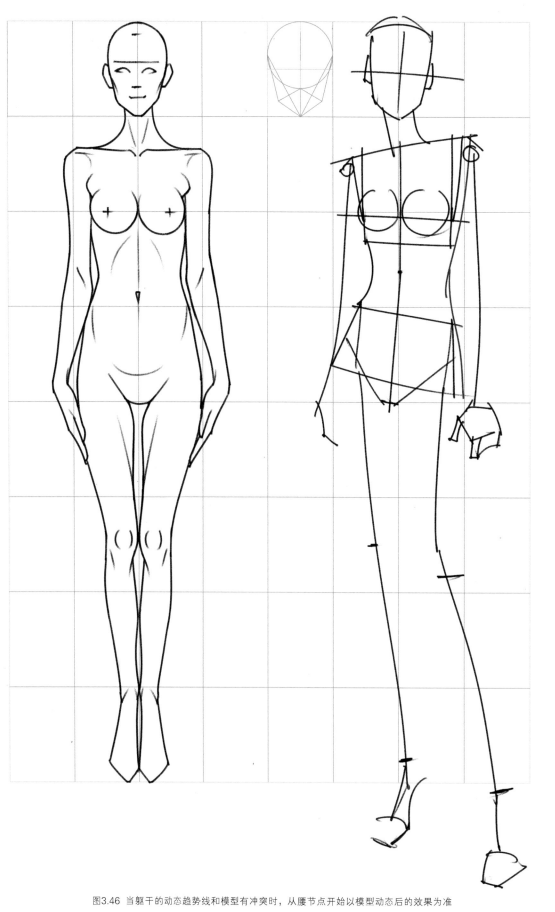

图3.46 当躯干的动态趋势线和模型有冲突时，从腰节点开始以模型动态后的效果为准

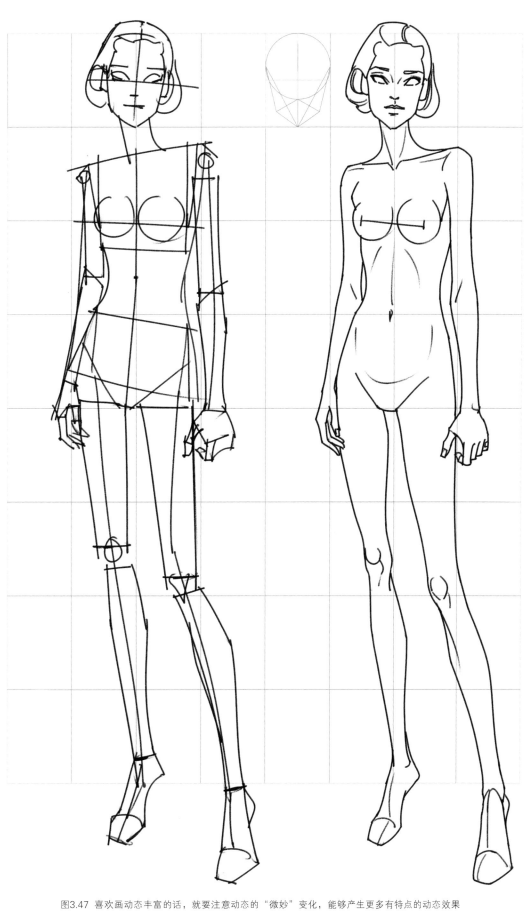

图3.47 喜欢画动态丰富的话，就要注意动态的"微妙"变化，能够产生更多有特点的动态效果

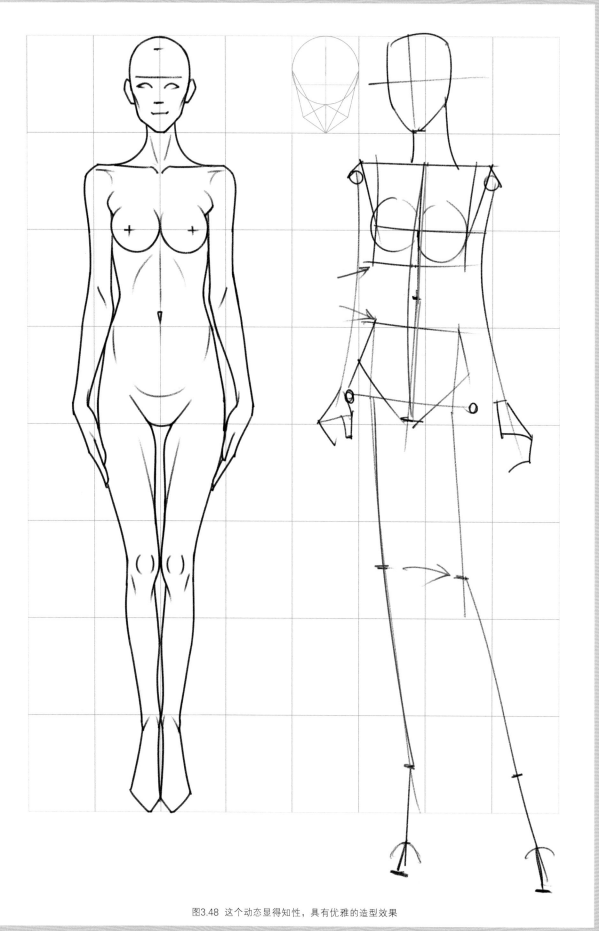

图3.48 这个动态显得知性，具有优雅的造型效果

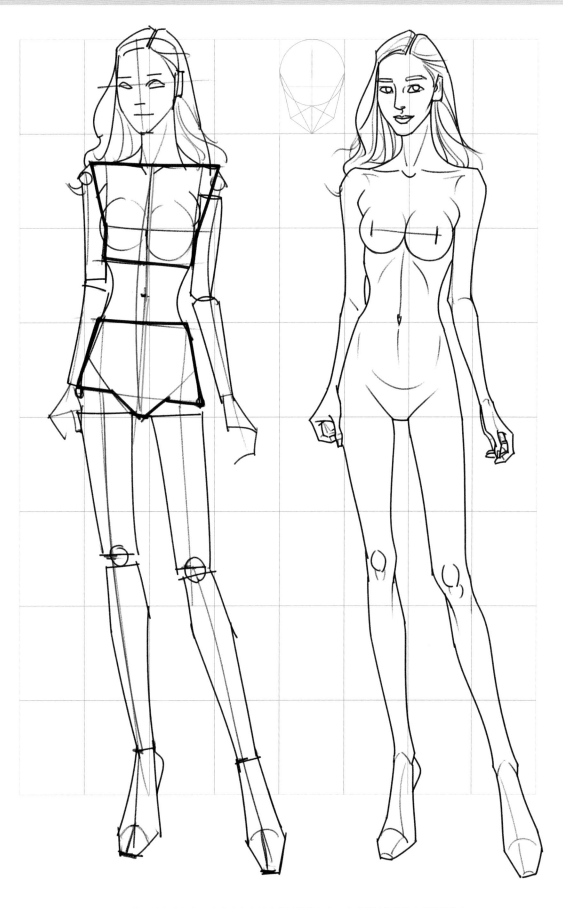

图3.49 手上可以拿个包包。注意胸高点是乳房转折的高点，在服装结构定位上是关键的点

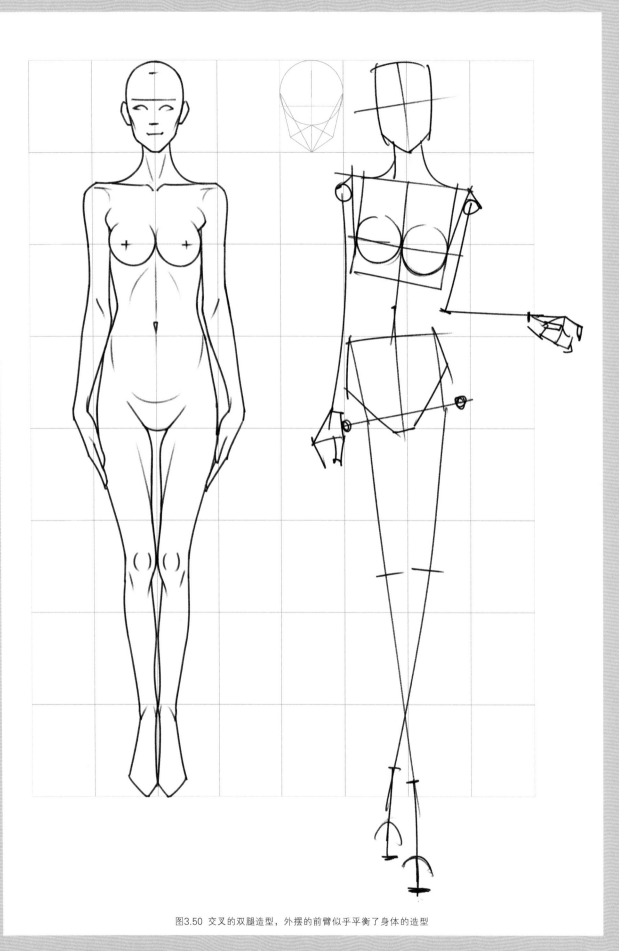

图3.50 交叉的双腿造型，外摆的前臂似乎平衡了身体的造型

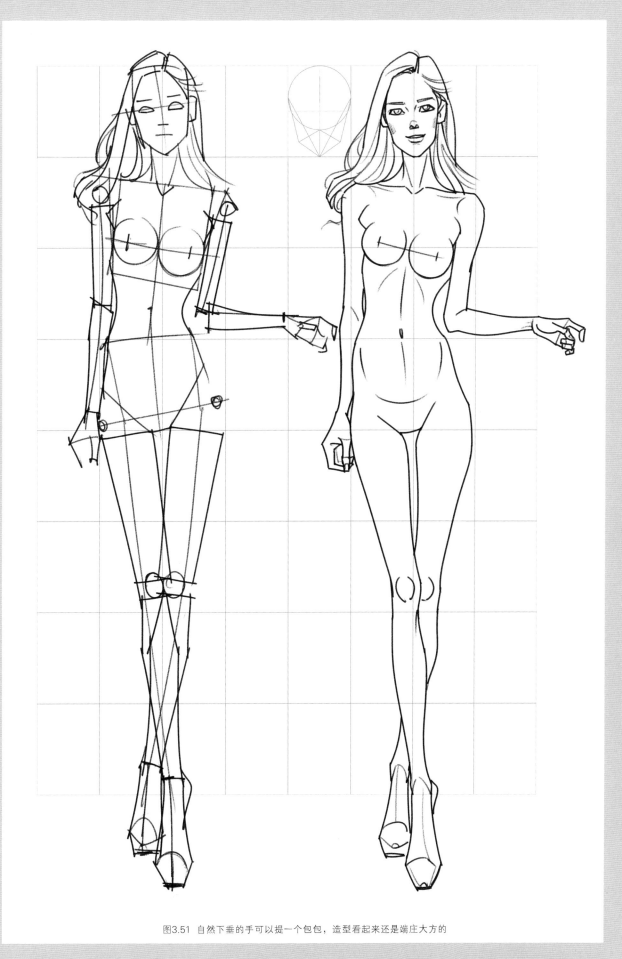

图3.51 自然下垂的手可以提一个包包，造型看起来还是端庄大方的

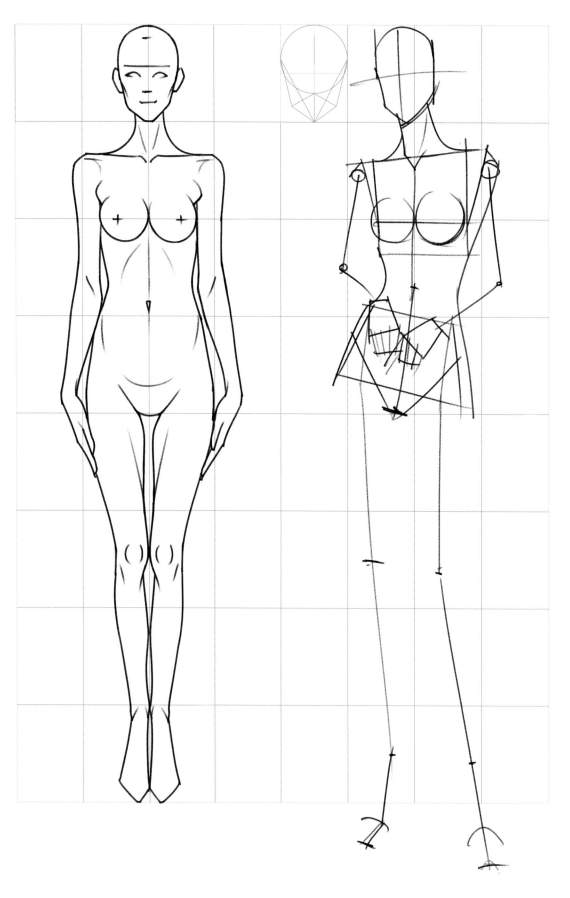

图3.52 礼仪上女孩子站立有双手放在前面交叉的，显得比较端庄

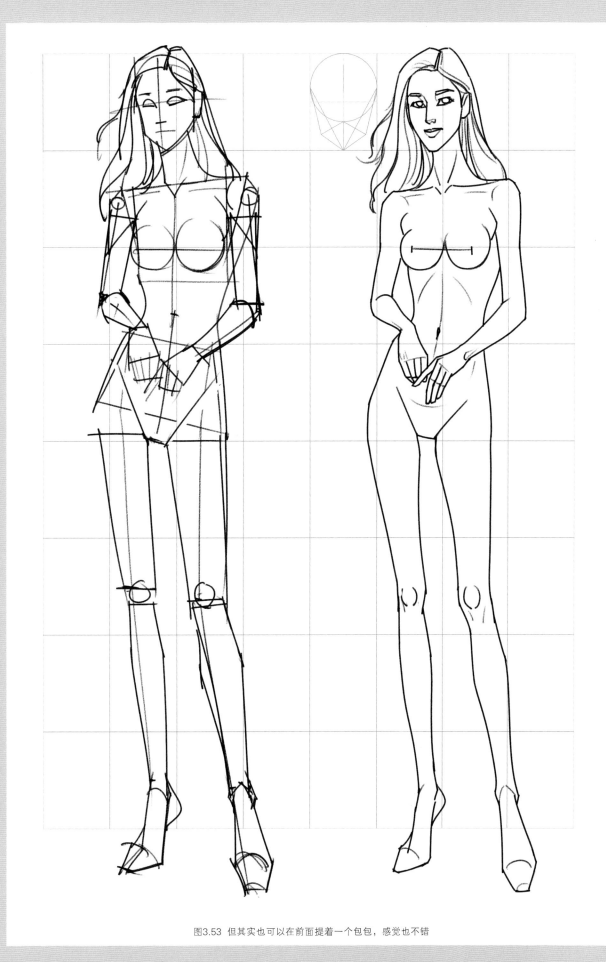

图3.53 但其实也可以在前面提着一个包包，感觉也不错

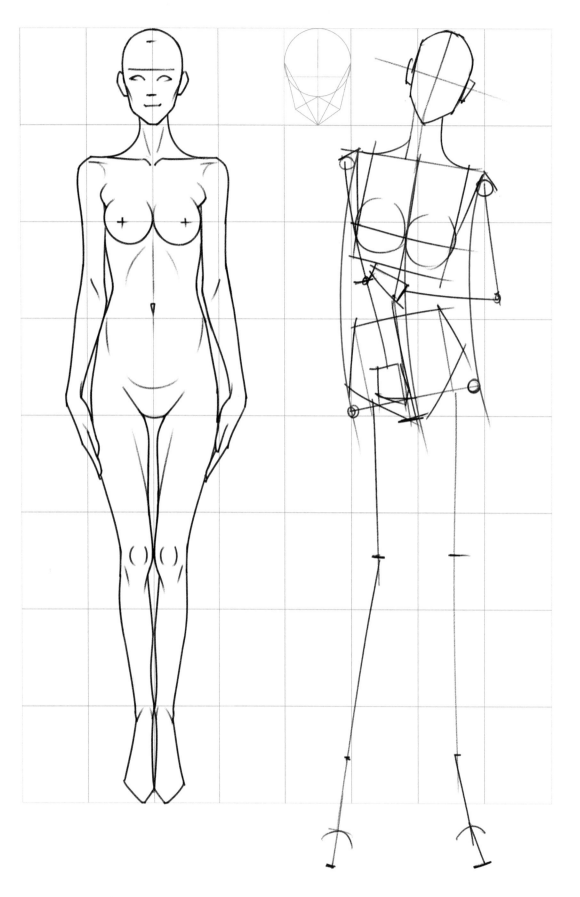

图3.54 注意三条躯干弧形红色线，中间为脊椎，两侧为左右躯干部分。这三条辅助线是按平行线来理解的（但不相等）

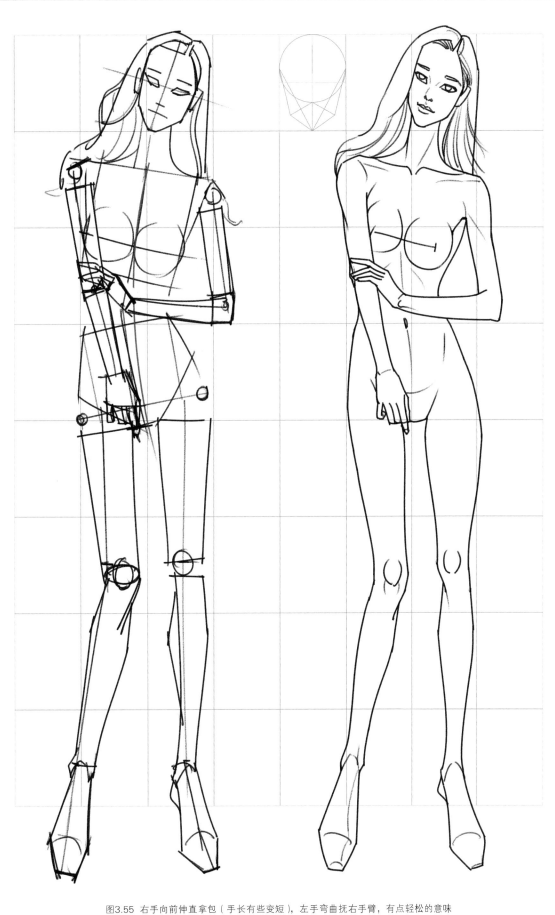

图3.55 右手向前伸直拿包（手长有些变短），左手弯曲抚右手臂，有点轻松的意味

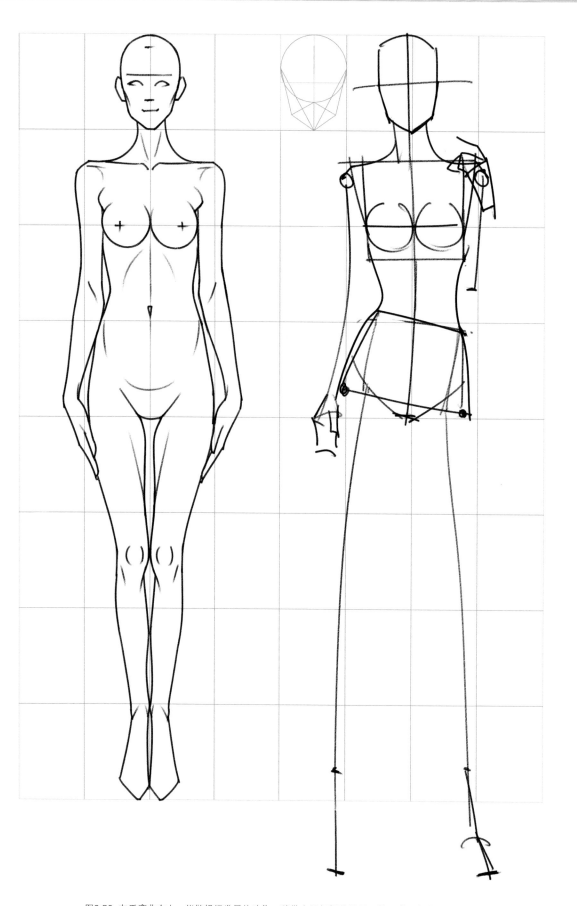

图3.56 左手弯曲向上，似做轻抚发尾的动作，稍带女子妩媚的效果，给严谨的套装增添活力

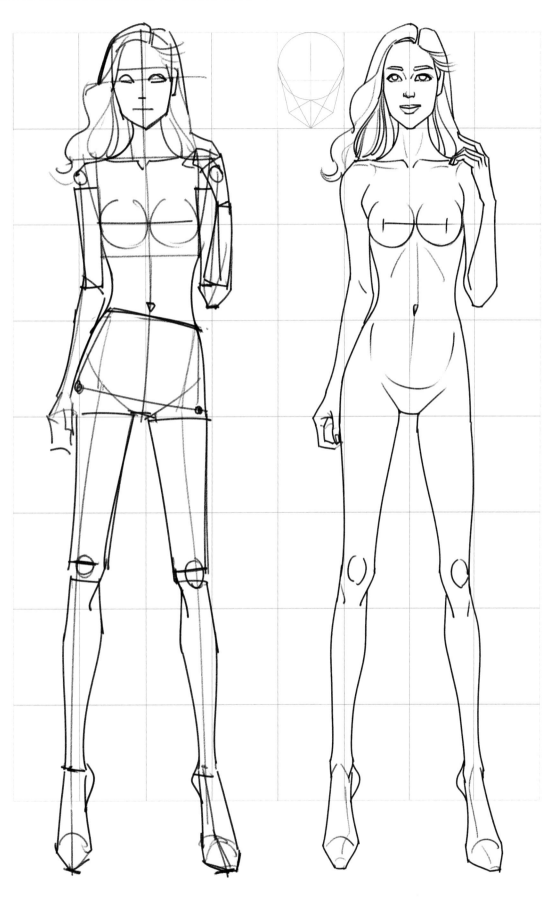

图3.57 草图不是标准图，在实际描绘的时候，做出适当的微调是必要的，以实际和整体效果合理完整为原则

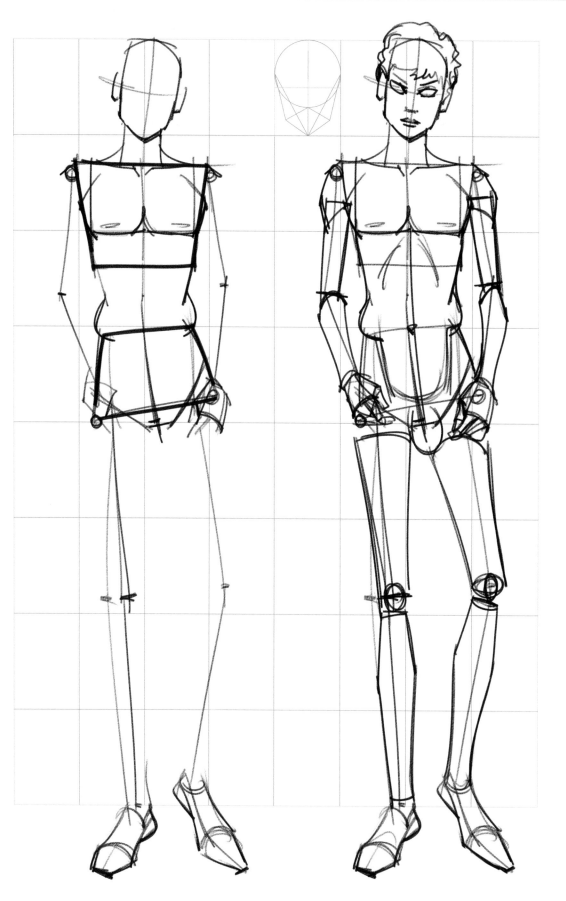

图3.58 正面四肢稍作动态变化，是男装模特的惯用造型，与女装动态相比，男装造型的变化夸张不大

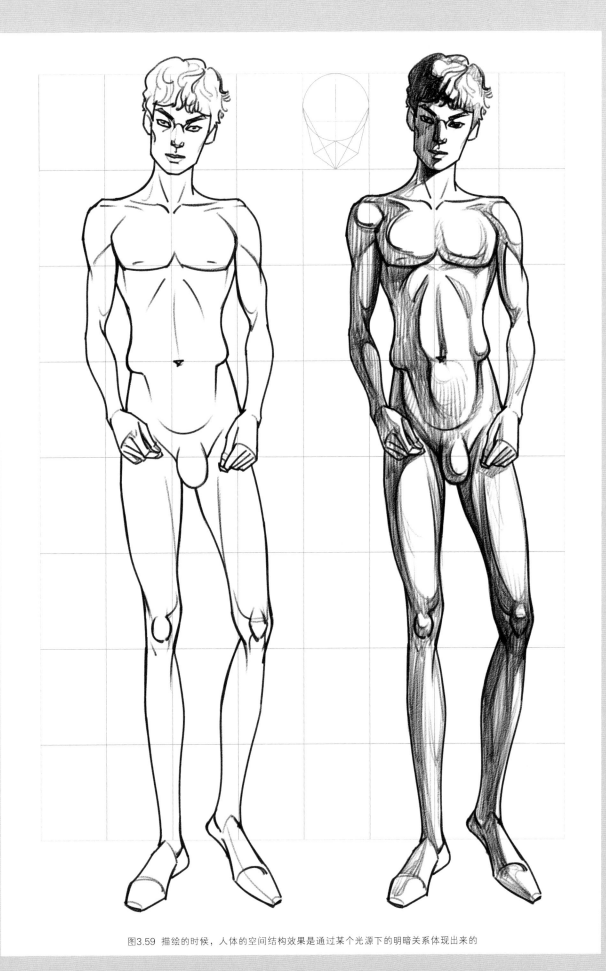

图3.59 描绘的时候，人体的空间结构效果是通过某个光源下的明暗关系体现出来的

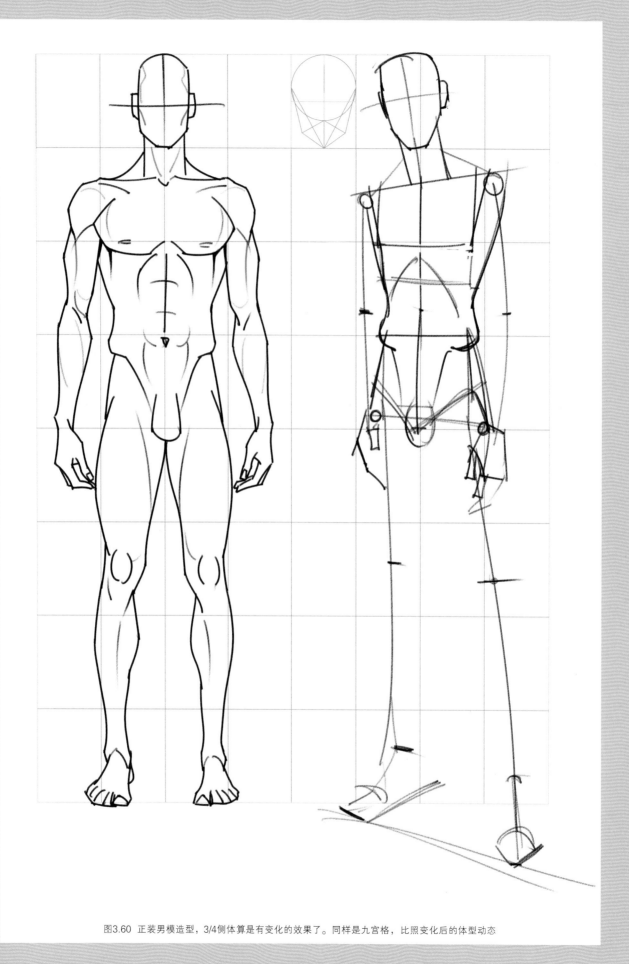

图3.60 正装男模造型，3/4侧体算是有变化的效果了。同样是九宫格，比照变化后的体型动态

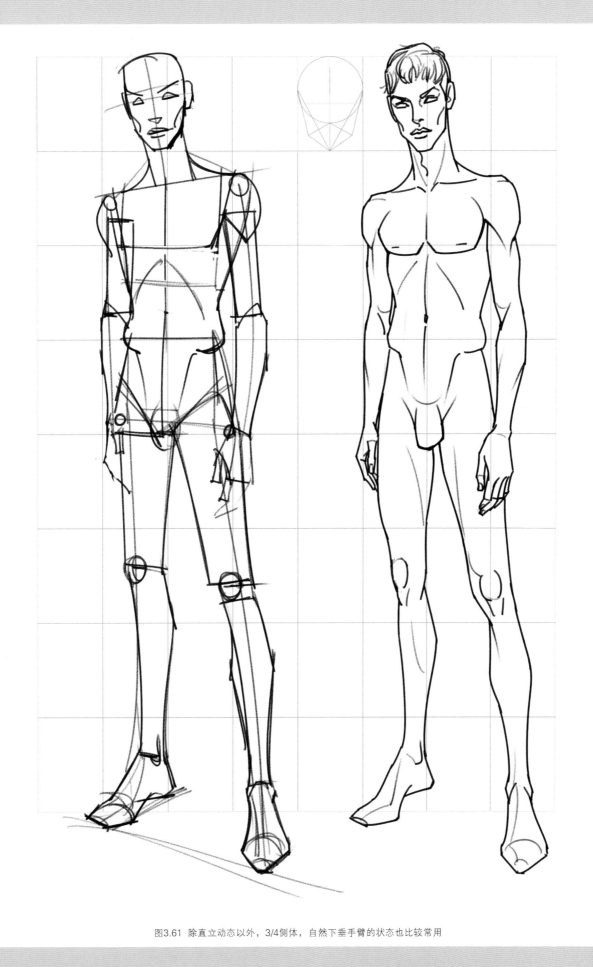

图3.61 除直立动态以外，3/4侧体，自然下垂手臂的状态也比较常用

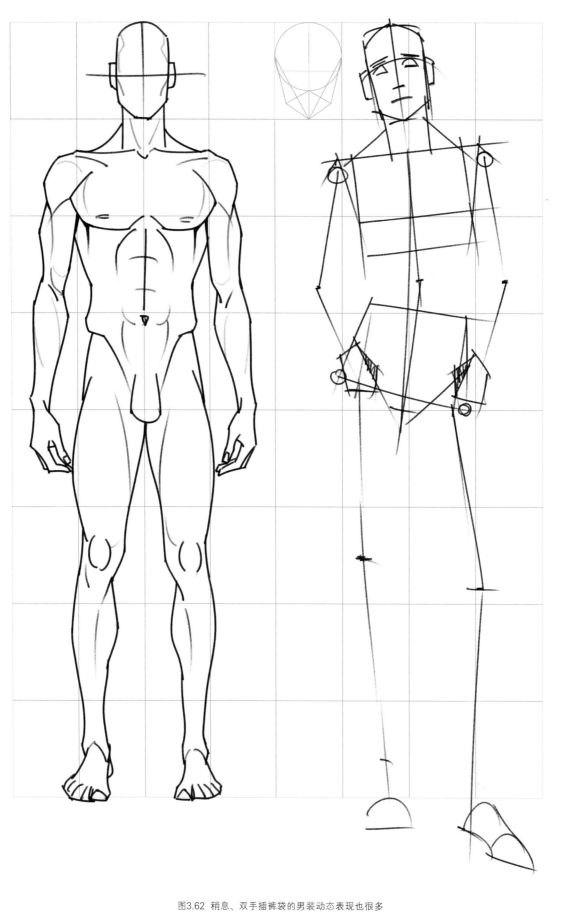

图3.62 稍息、双手插裤袋的男装动态表现也很多

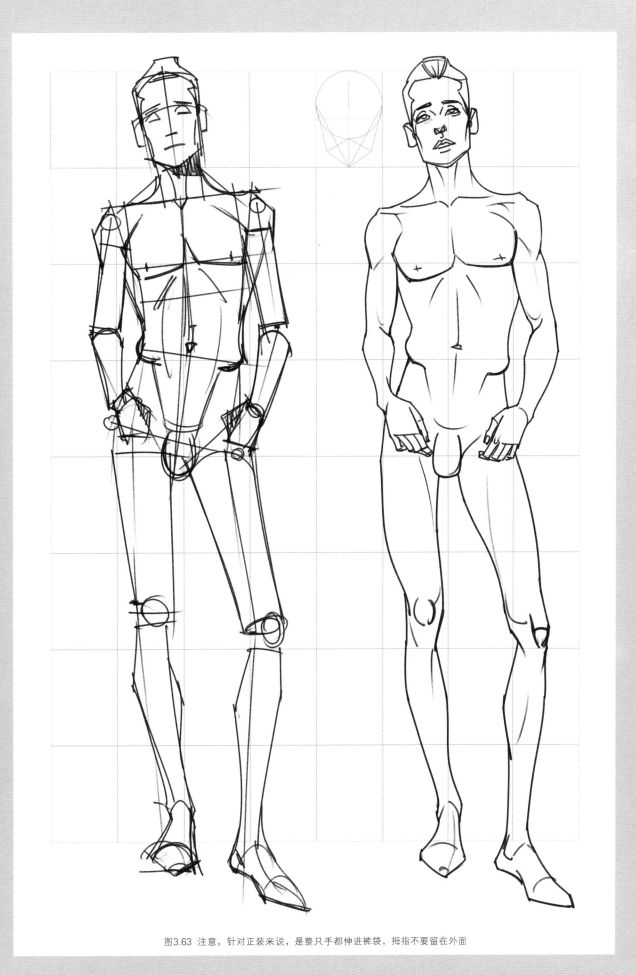

图3.63 注意，针对正装来说，是整只手都伸进裤袋，拇指不要留在外面

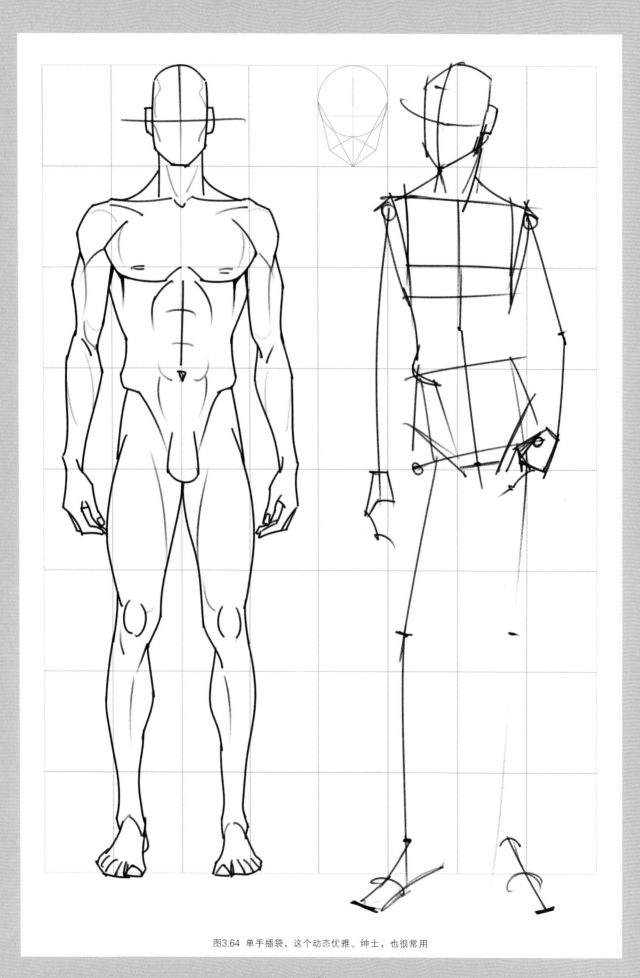

图3.64 单手插袋，这个动态优雅、绅士，也很常用

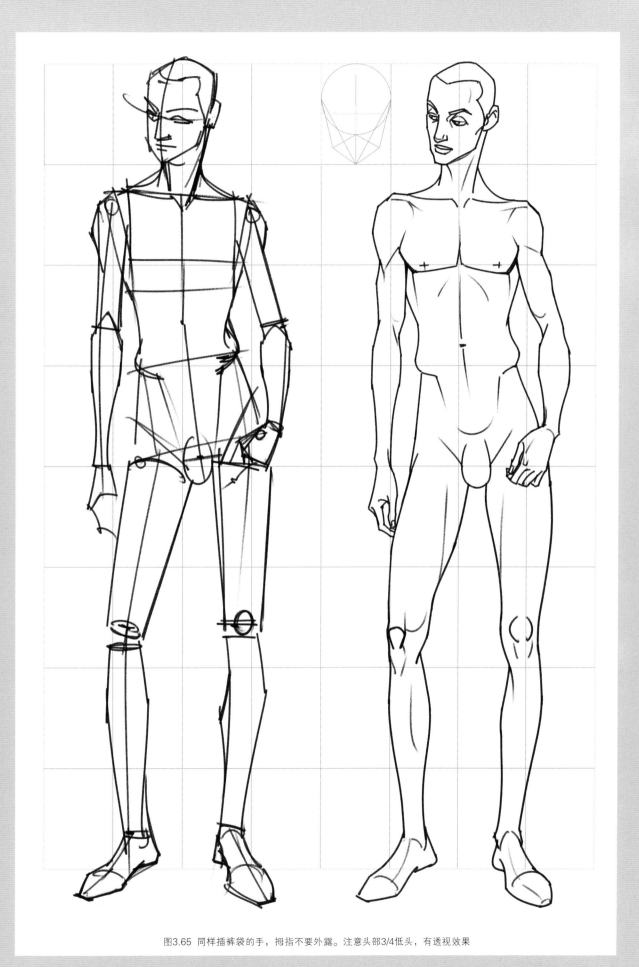

图3.65 同样插裤袋的手，拇指不要外露。注意头部3/4低头，有透视效果

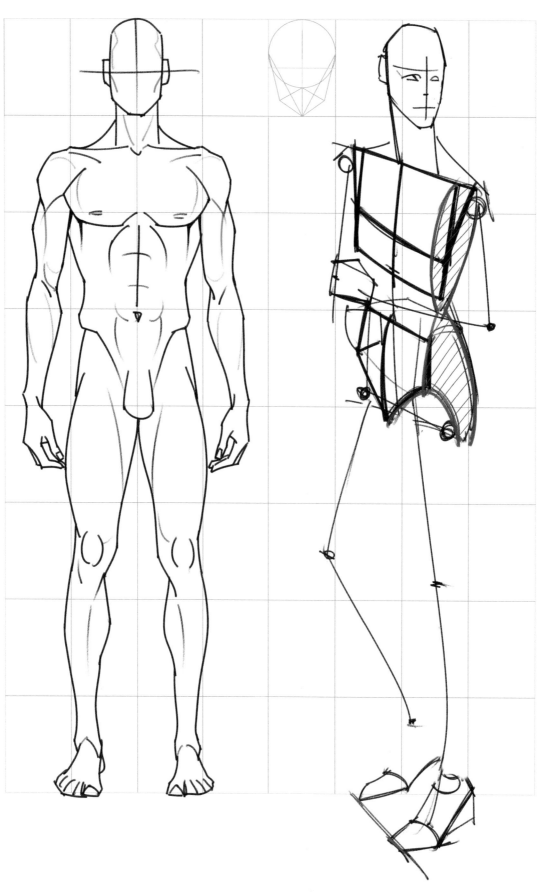

图3.66 本图的动态造型身体旋转较为强烈，身体的左侧所见就很明显了（红色的体侧部分）。注意低头的下巴已离开一头长

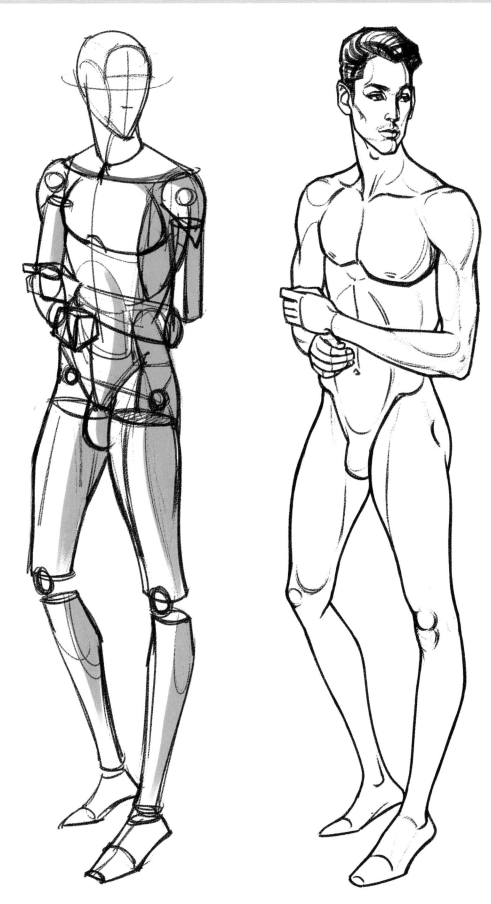

图3.67 这个动态的特殊之处在于，视线锁骨以上，注意红色的锁骨示意。由于本动态透视变化不好把握，一般少用

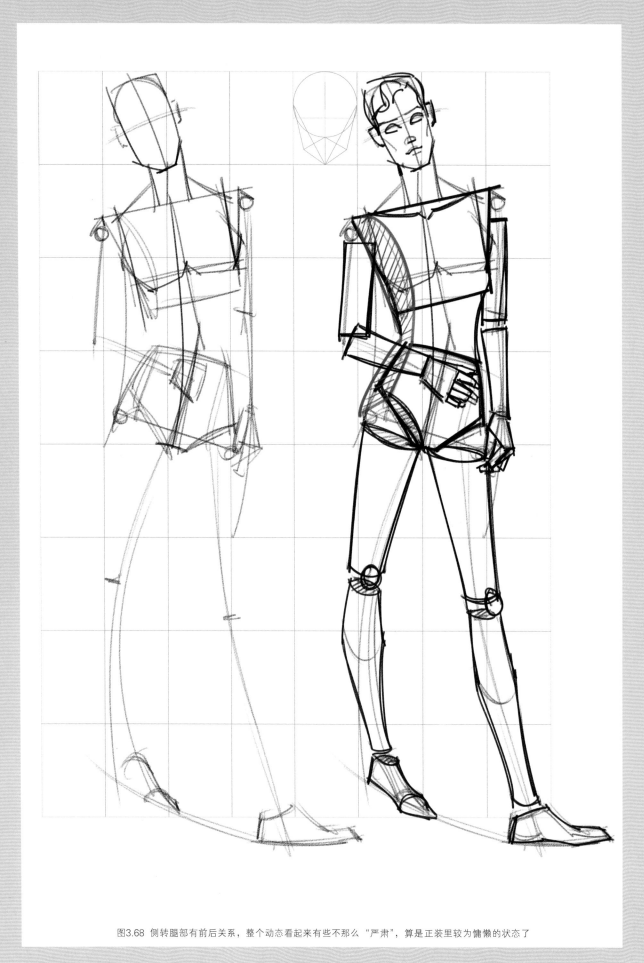

图3.68 侧转腿部有前后关系，整个动态看起来有些不那么"严肃"，算是正装里较为慵懒的状态了

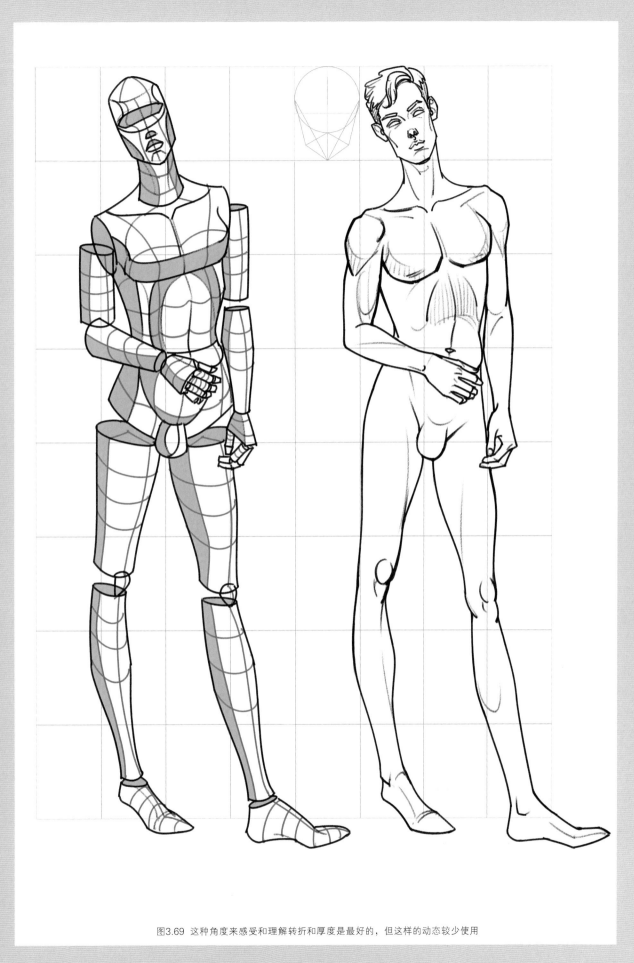

图3.69 这种角度来感受和理解转折和厚度是最好的，但这样的动态较少使用

3.2 运动装动态

模特特征 活力、健康，身体健硕。动态：为了突出服装的运动属性，体现运动基因。

图3.70

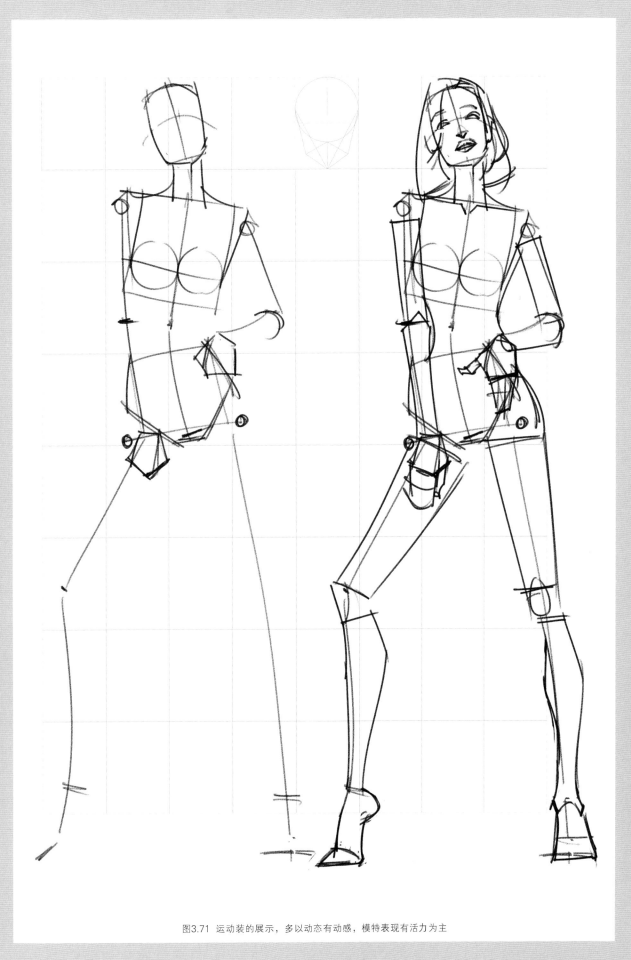

图3.71 运动装的展示，多以动态有动感，模特表现有活力为主

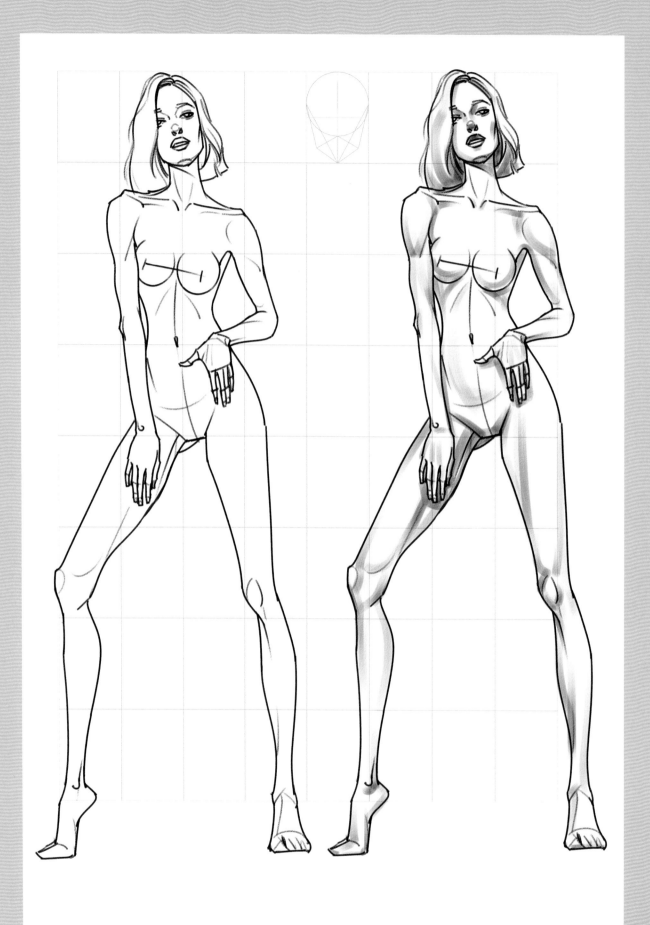

图3.72 除了了解外形和动态效果外，对形体的构造、光对结构的影响，也要有基本的认知

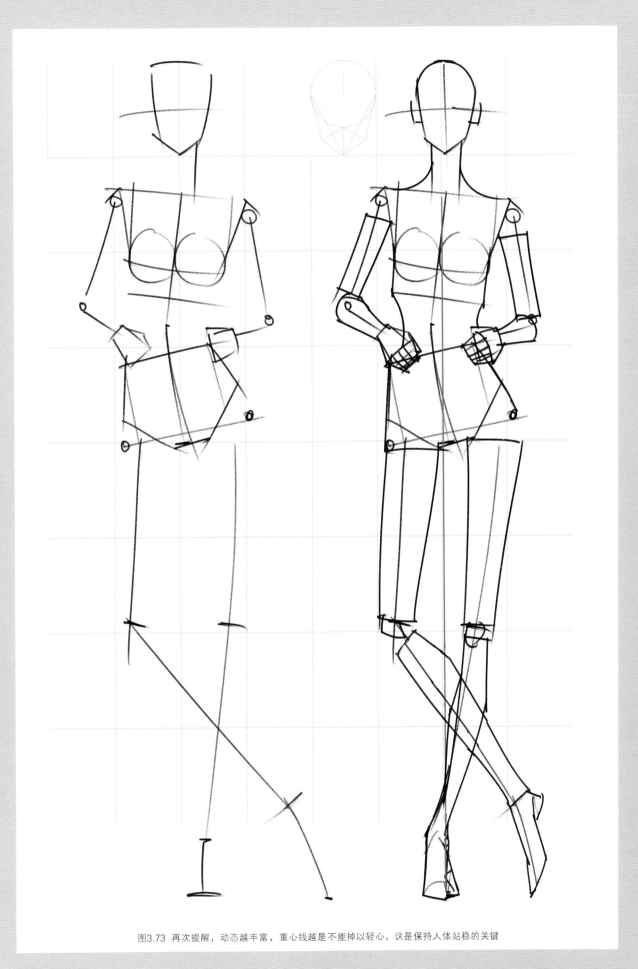

图3.73 再次提醒，动态越丰富，重心线越是不能掉以轻心，这是保持人体站稳的关键

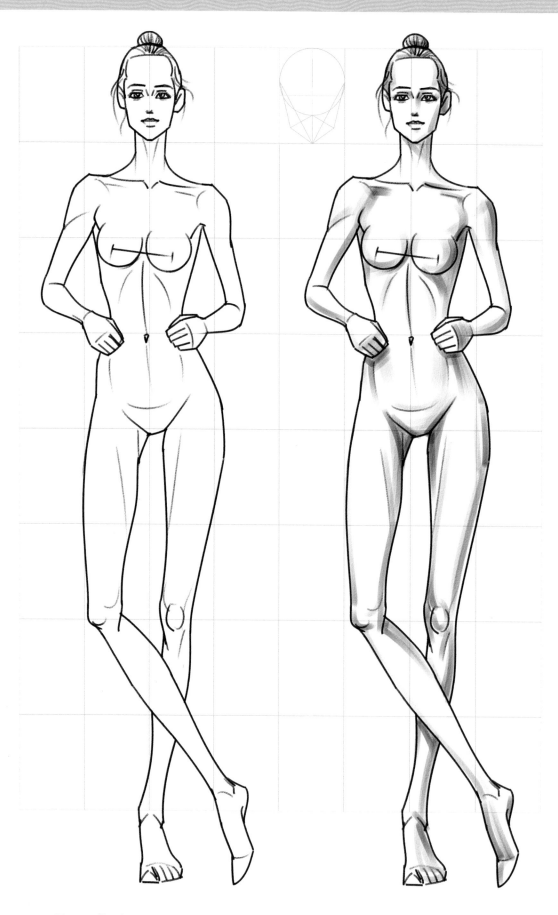

图3.74 同样，在光照下，人体的明暗关系就是未来画着装时的衣物明暗关系。手可以插进运动夹克的口袋里

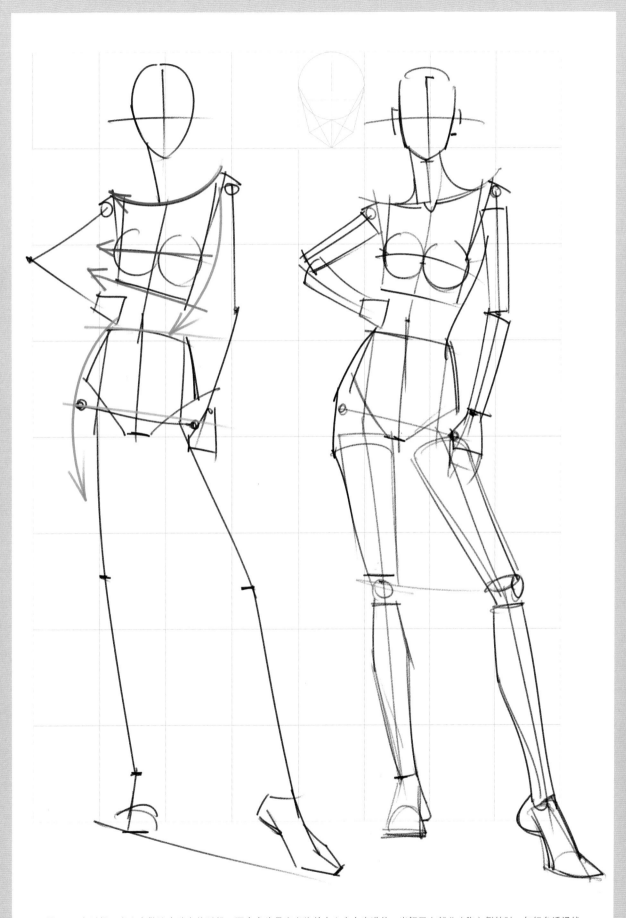

图3.75 有时候，当人在做这个动态的时候，两个肩头是有点往前中心方向窝进的。当躯干上部分（胸）侧转时，如红色透视线

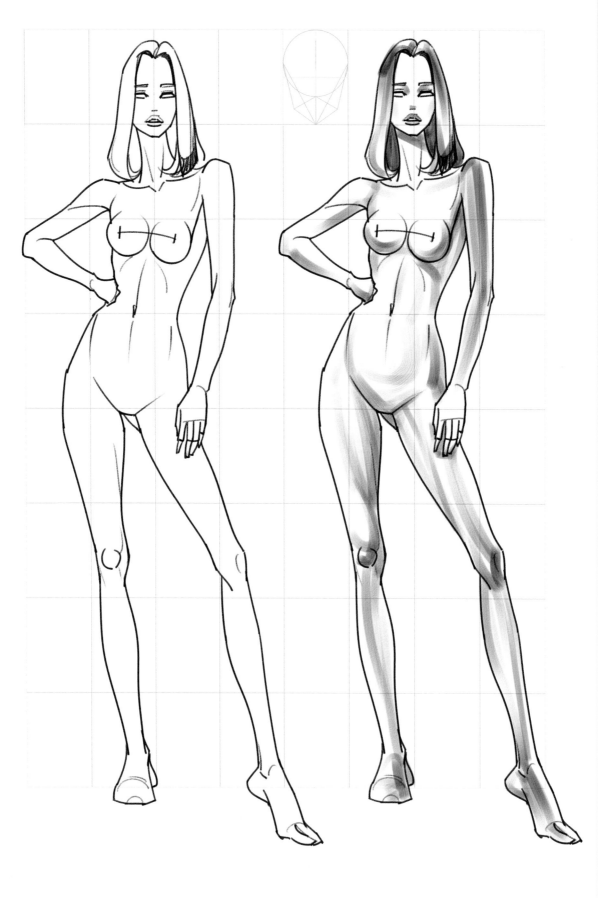

图3.76 注意躯干上部分是侧转了，但胯还算是正面的。明暗关系实质就是躯干的体积关系

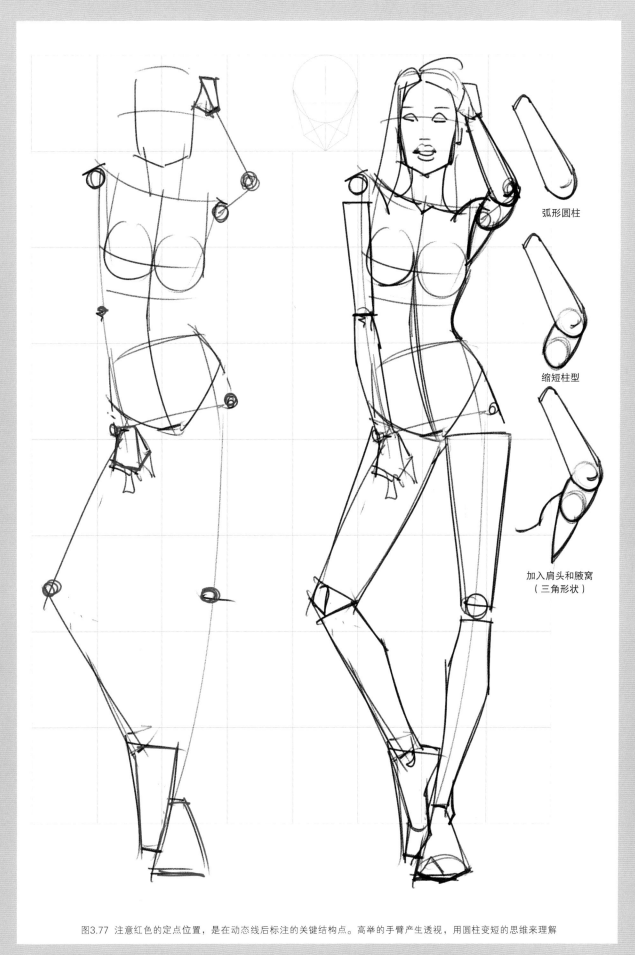

弧形圆柱

缩短柱型

加入肩头和腋窝
（三角形状）

图3.77 注意红色的定点位置，是在动态线后标注的关键结构点。高举的手臂产生透视，用圆柱变短的思维来理解

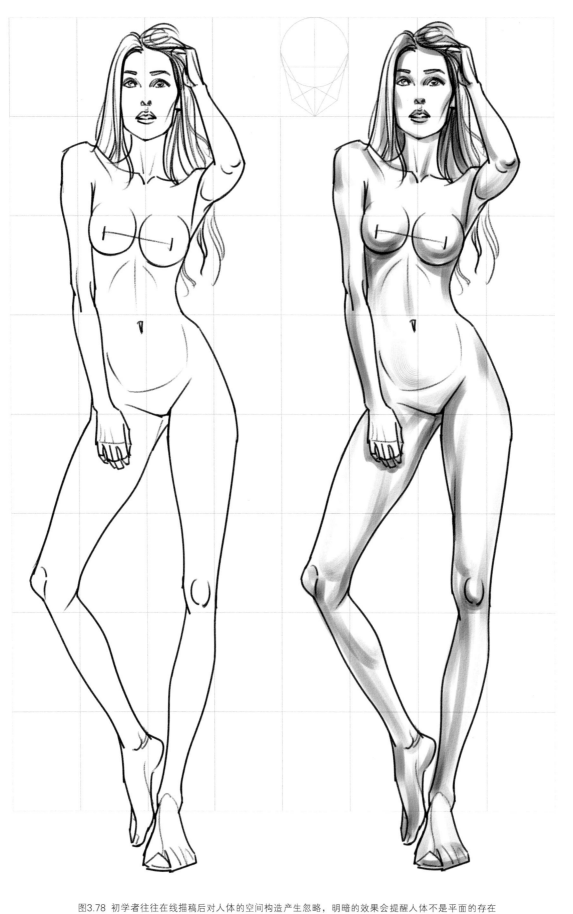

图3.78 初学者往往在线描稿后对人体的空间构造产生忽略，明暗的效果会提醒人体不是平面的存在

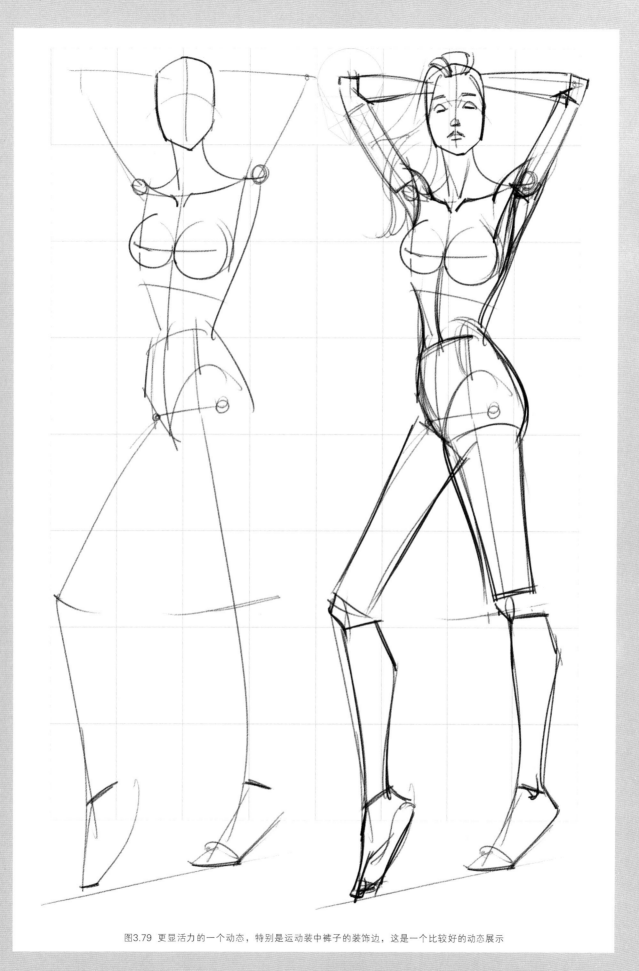

图3.79 更显活力的一个动态，特别是运动装中裤子的装饰边，这是一个比较好的动态展示

图3.80 图中的明暗效果，还可以在着装色彩的时候作为参考的明暗或转折关系

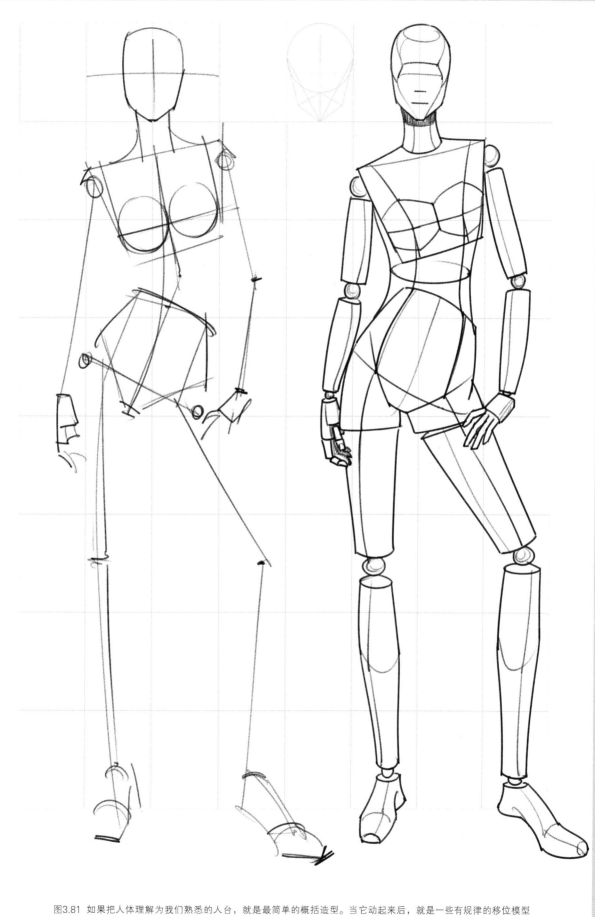

图3.81 如果把人体理解为我们熟悉的人台，就是最简单的概括造型。当它动起来后，就是一些有规律的移位模型

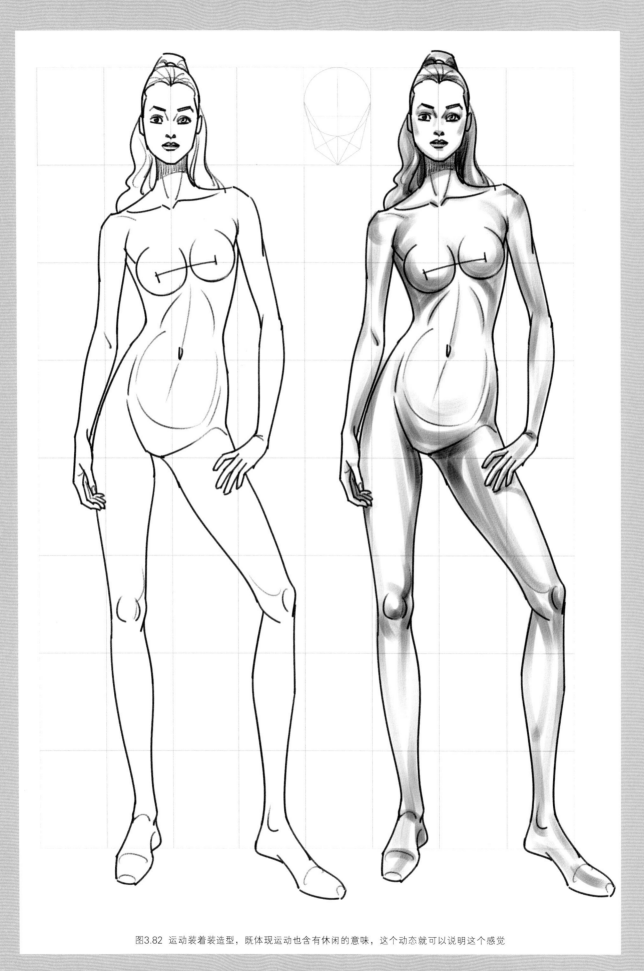

图3.82 运动装着装造型，既体现运动也含有休闲的意味，这个动态就可以说明这个感觉

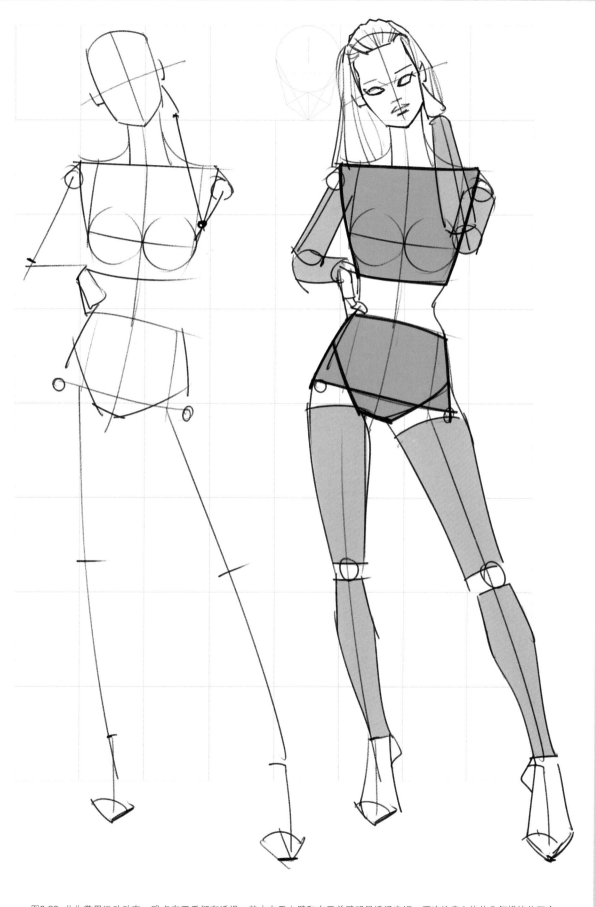

图3.83 此为常用运动动态，难点在双手都有透视。其中左手上臂和右手前臂明显透视变短。再次注意人体的几何模块的概念

图3.84 模型的空间关系，通过灰色部分的提醒，记住一般的人体明暗规律，平时这样画，人体就会"厚"起来

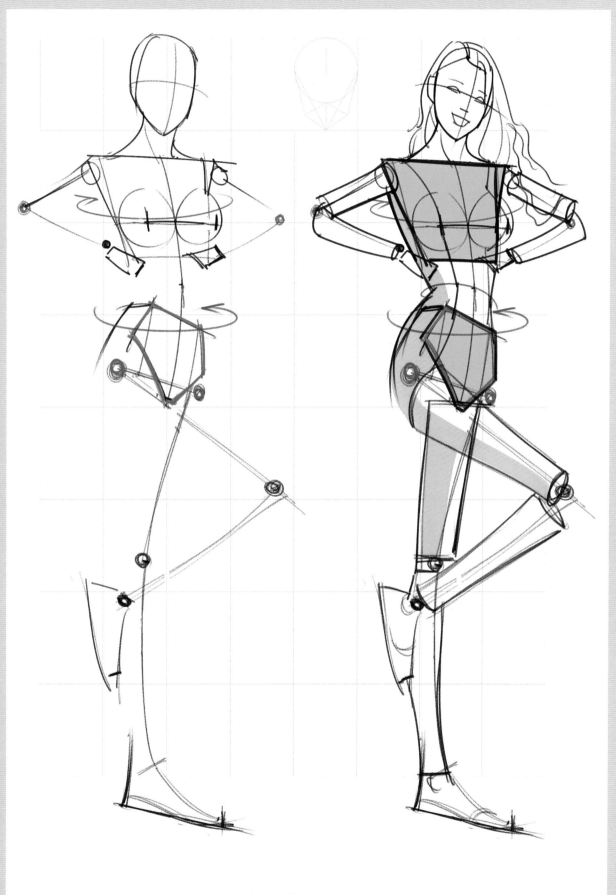

图3.85 如果对于侧转后的身体的厚度理解不够明确，可以按"平面＋增量"这样的概念进行，即粉色为侧转后不再对称的梯形（注意右胸突出胸腔轮廓线），胯部侧转更为强烈，几何形变形（变窄且不对称更大）。蓝色部分为"增量"，就是补充侧面厚度

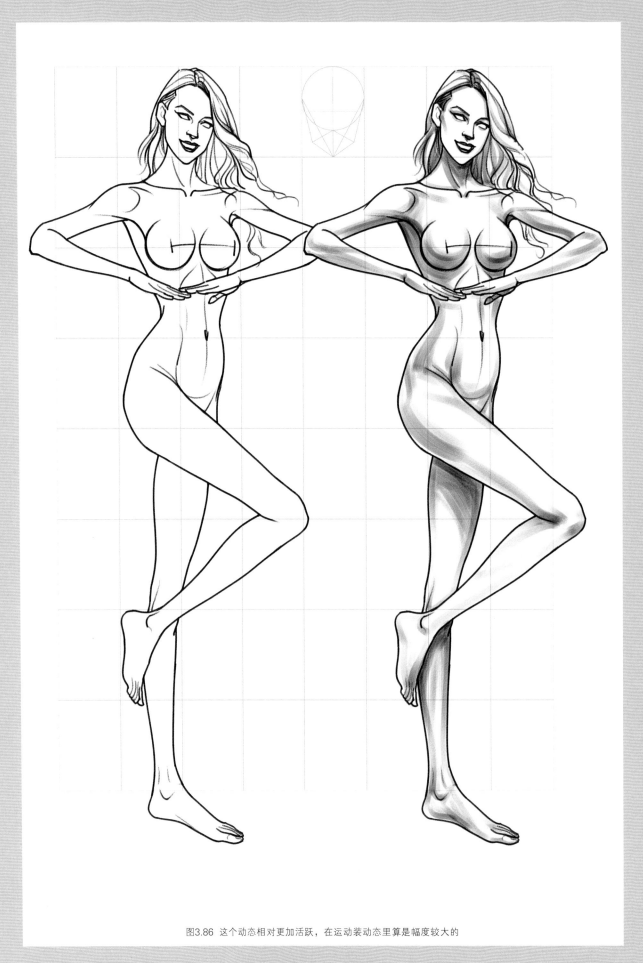

图3.86 这个动态相对更加活跃，在运动装动态里算是幅度较大的

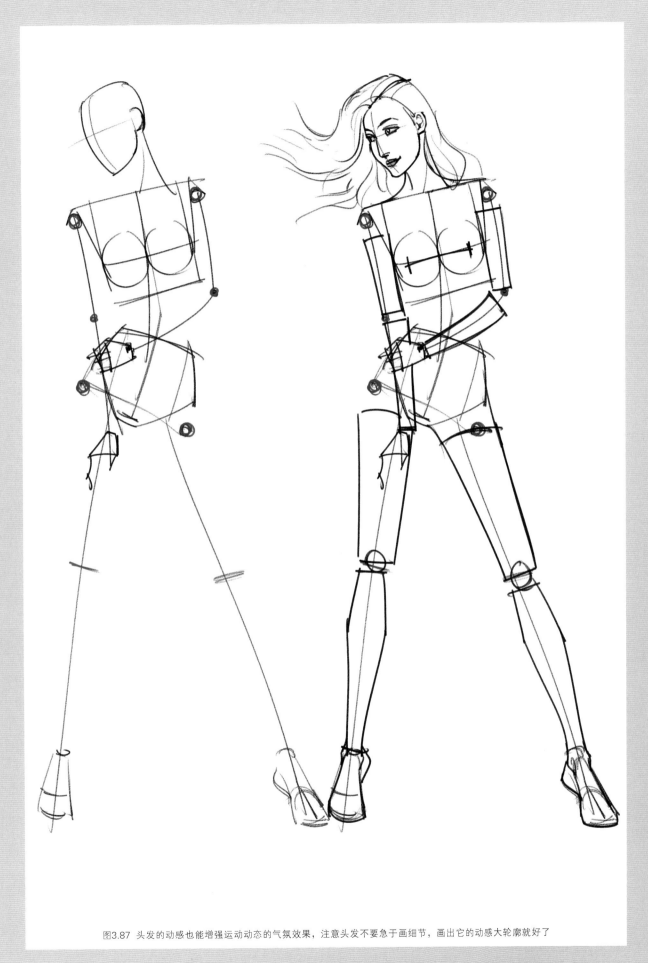

图3.87 头发的动感也能增强运动动态的气氛效果，注意头发不要急于画细节，画出它的动感大轮廓就好了

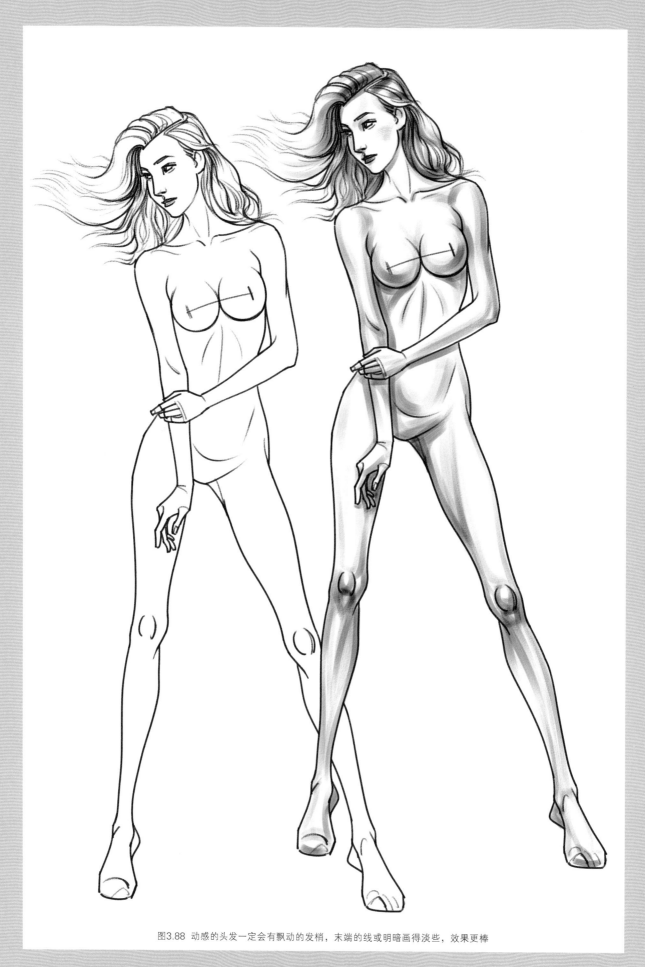

图3.88 动感的头发一定会有飘动的发梢，末端的线或明暗画得淡些，效果更棒

图3.89 休闲动态，一般的概念主要是美式休闲或者都市里活动出行日装，相对随意、自然

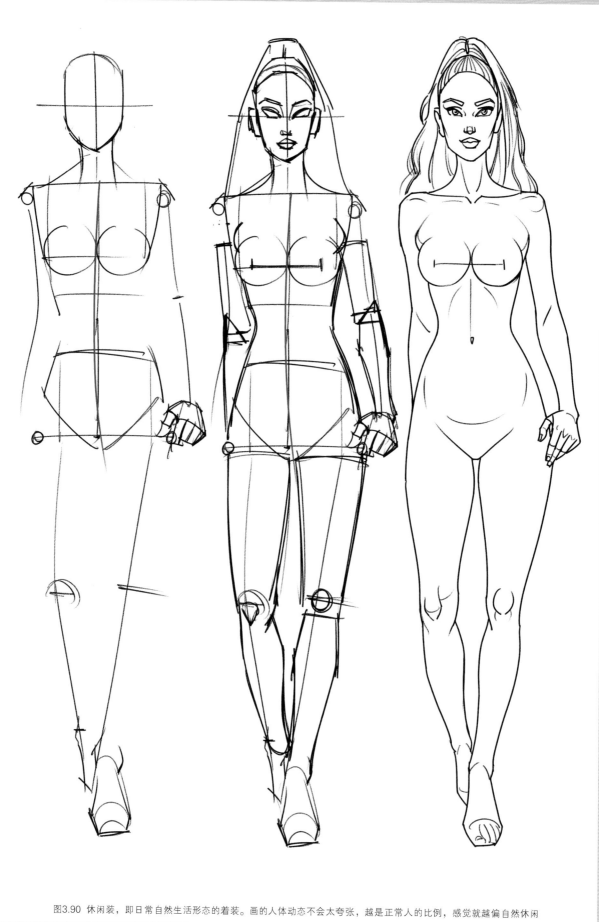

图3.90 休闲装，即日常自然生活形态的着装。画的人体动态不会太夸张，越是正常人的比例，感觉就越偏自然休闲

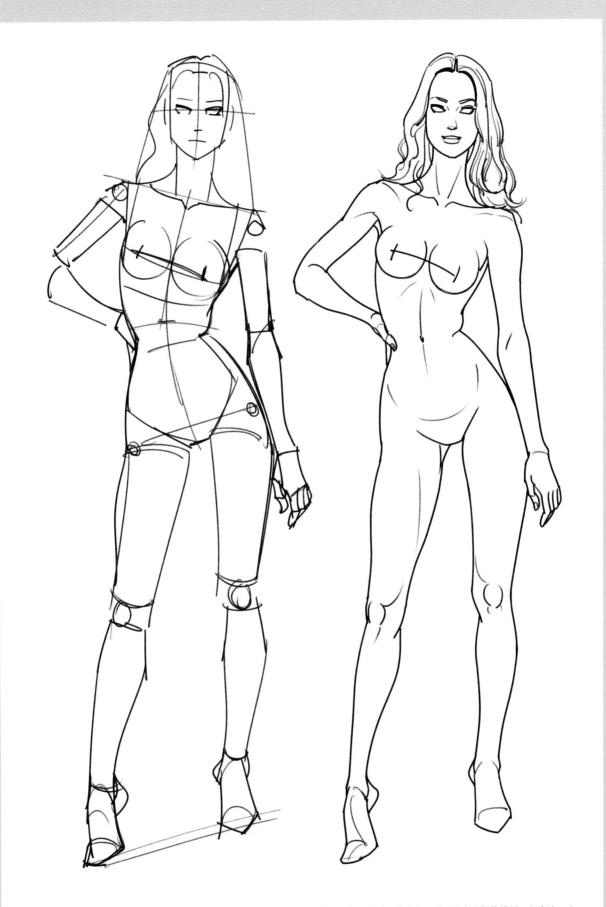

图3.91 经过前面的大量练习以后，初学者对动态和比例应该有了一定的了解，这时画草图就可以采用火柴棍兼模型一起表达，来描画或者构思动态的大致效果。当然画草图的时候画轻些，以便于线稿的明确描绘

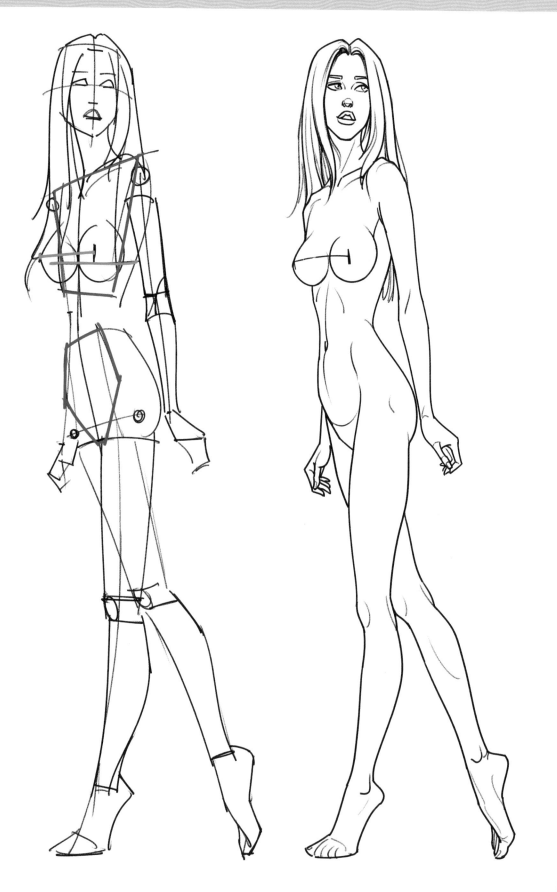

图3.92 这个动态很适合穿裙子的女孩，是两只手拎提着裙身，回眸的样子。难点是透视后躯干的模型扁了。另外需要注意的是，模型中蓝色的胸高辅助线，在实际的胸高点连线上是绿色的，好好理解领会

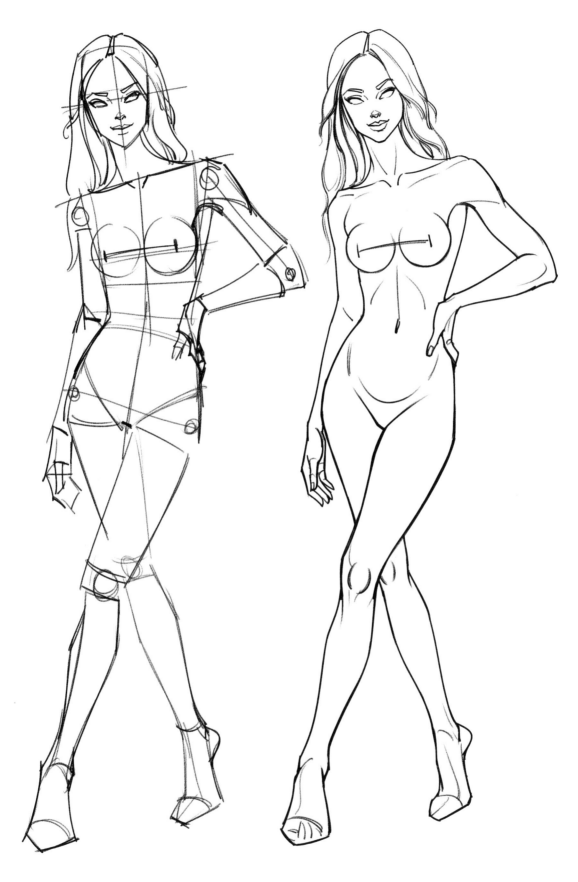

图3.93 休闲风格的衣服一般来说是合体的（如T恤衫和弹力贴身牛仔裤），但更多的是宽松为主。所以自然的体型，动态是自然地交叉双腿的叉腰动态，也是此类风格常用的动态

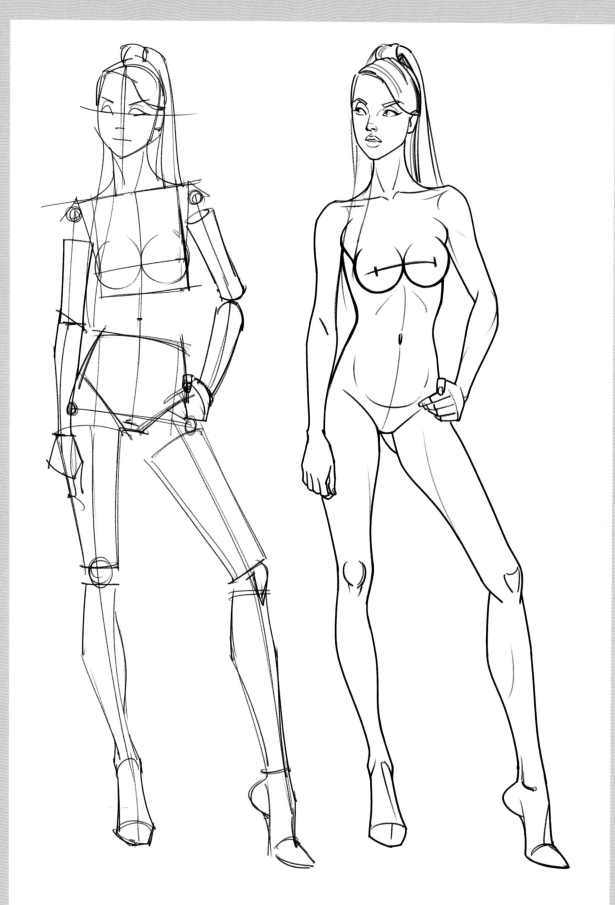

图3.94 细心的话，你就能发现，休闲感的动态总是稍作提胯状，一副轻松的样子，不会扭捏作态。另外，画草图的时候，不需要画得很"正确"，放松点下笔，把"对的感觉"画出来就好

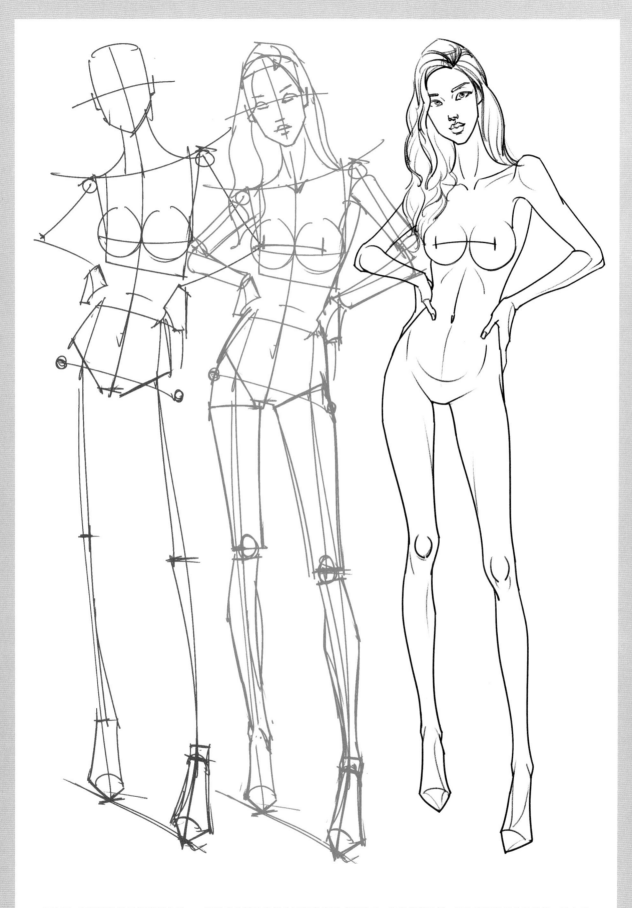

图3.95 在逐渐熟悉了模型概念后，一些动态的辅助直线也可以直接画成弧线了，如肩线锁骨线，因为有双肩起抬的造型。这个动态算是通吃动态吧，很多风格的着装效果都能用

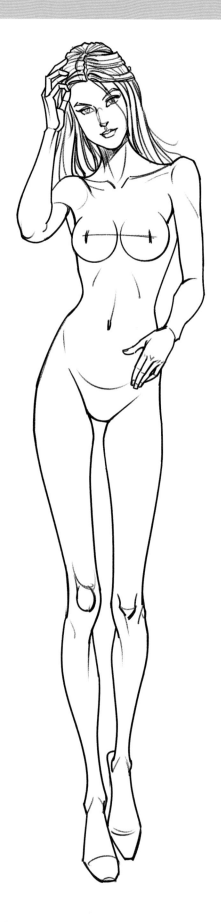

图3.96 注意本动态的重心线在两腿之间，左腿并非在走动，仅仅是踮着脚尖的一个造型

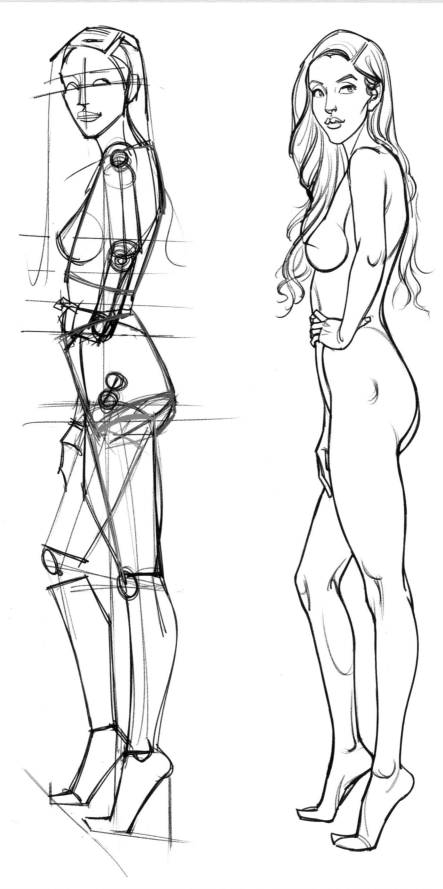

图3.97 这个动态使用比较少，一个原因是侧面不常观察就不习惯表达，第二是服装展示从这个角度出发的相对也不多。但不排除有特殊的款式侧面设计有爱好此类表达的需要。难度在弯曲叉腰的手臂，注意叉腰手臂的抬肩

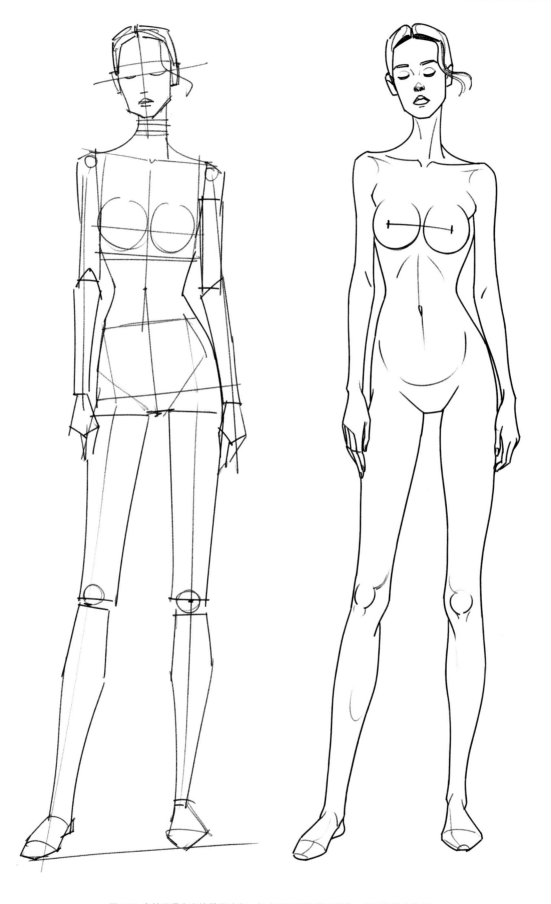

图3.98 表情显得有点慵懒的动态，但由于正面的展示动态，所以也较为常用

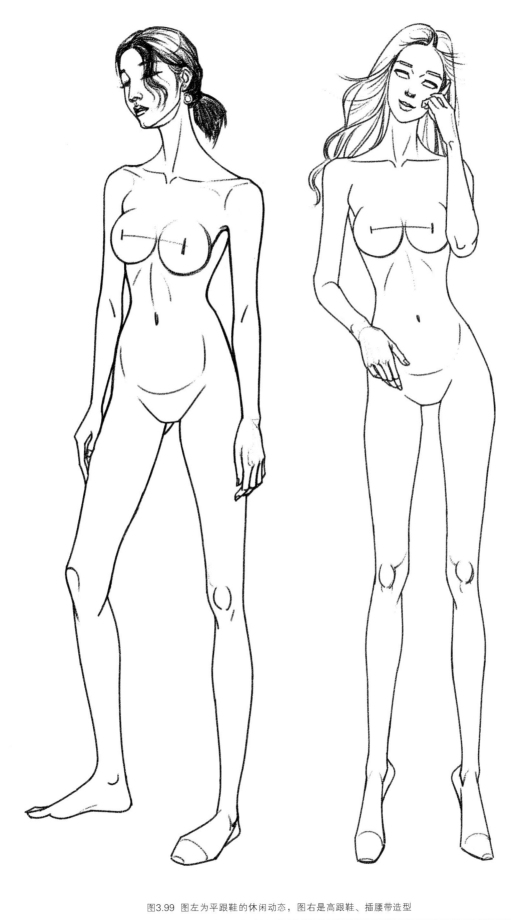

图3.99 图左为平跟鞋的休闲动态，图右是高跟鞋、插腰带造型

3.4 潮流时装动态

　　休闲装也叫作时装，两者之间其实没太大的界限。但这里更多的是想表达有想法的搭配风格，有自己独特设计点和时尚态度的设计理念，相比如休闲装来说，会有更加积极的想法，而动态同样有相应的造型来匹配。

图3.100

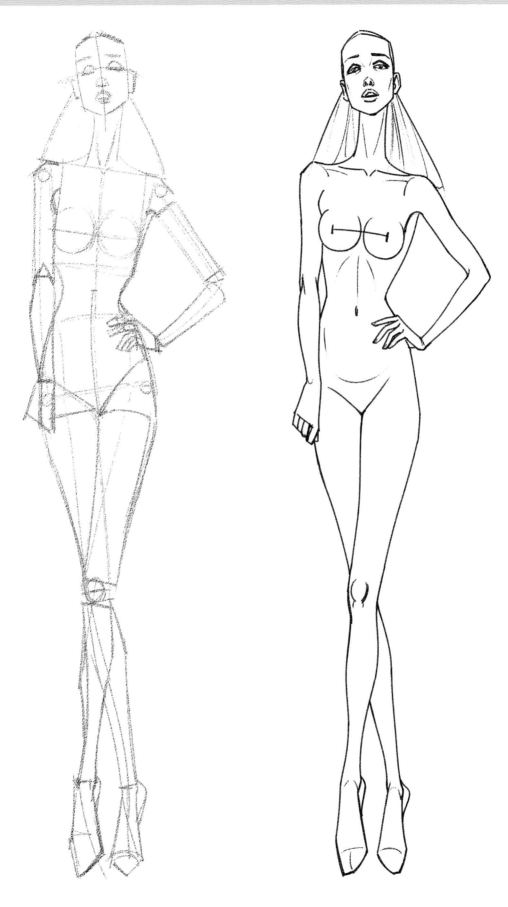

图3.101 时装类的造型更多的是配合有时尚概念的服装倾向，或前卫，或很酷，或淑女，或浪漫，或性感等，给人以当代最时尚潮流的印象

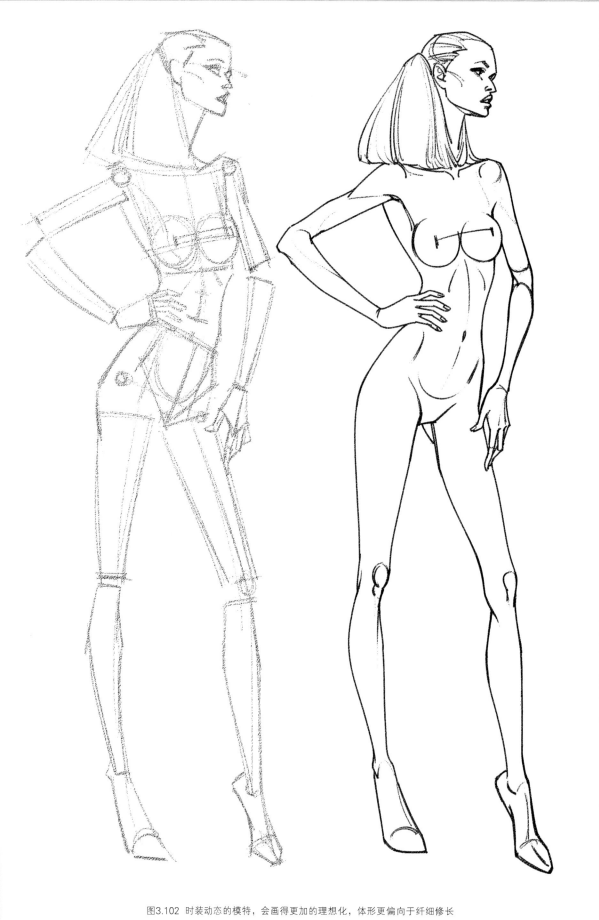

图3.102 时装动态的模特，会画得更加的理想化，体形更偏向于纤细修长

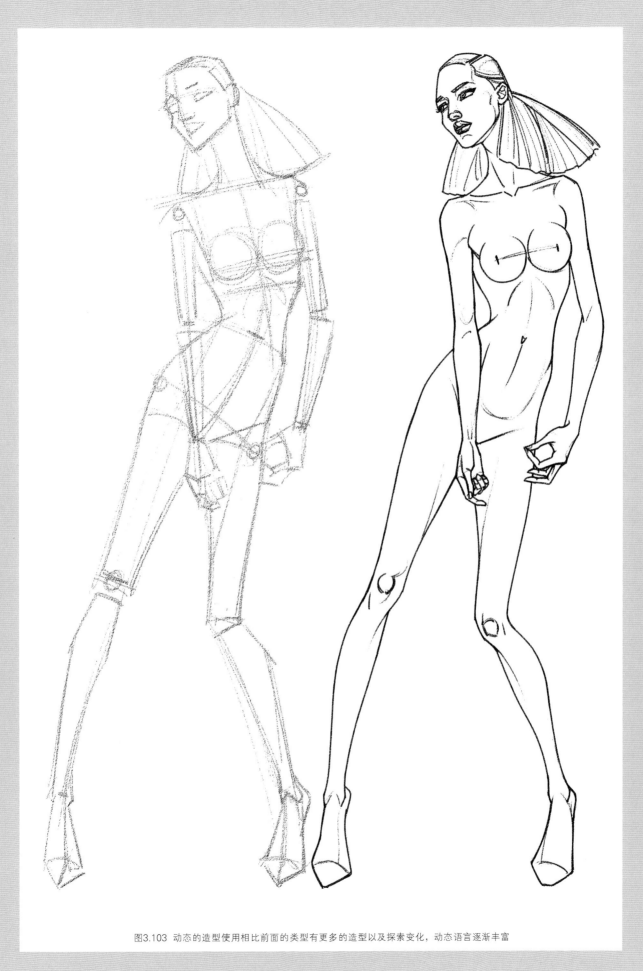

图3.103 动态的造型使用相比前面的类型有更多的造型以及探索变化，动态语言逐渐丰富

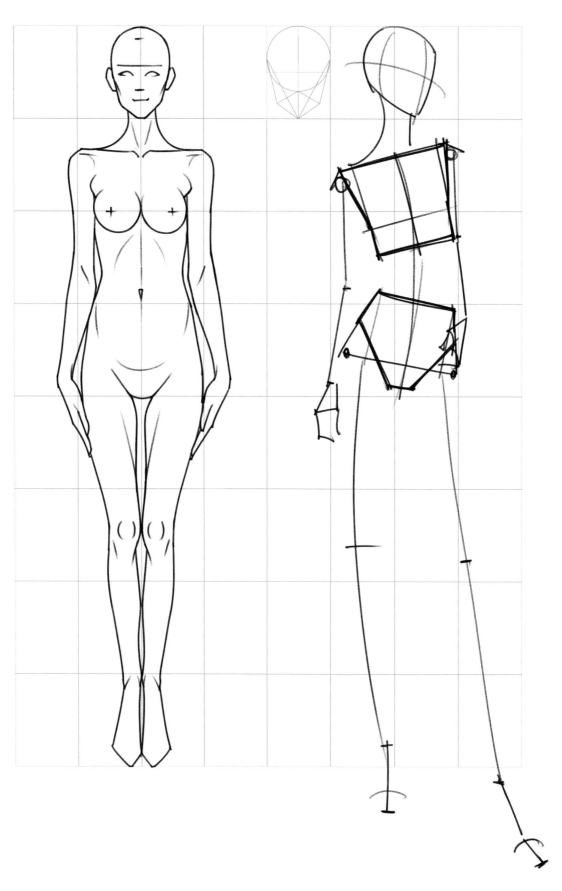

图3.104 和左图正常比例的6个半头、7个半头相比，8头身及以上使用得较多，时装类的动态比例走向更倾向理想化

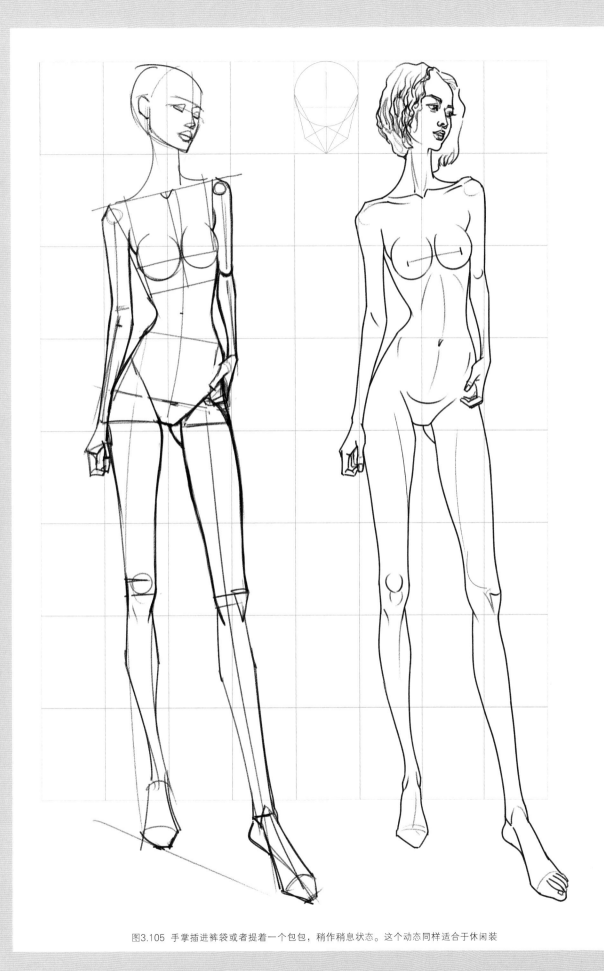

图3.105 手掌插进裤袋或者提着一个包包，稍作稍息状态。这个动态同样适合于休闲装

图3.106 夸张的比例在时装造型中有更多的运用。身体短了，而腿部加长是最明显的特征

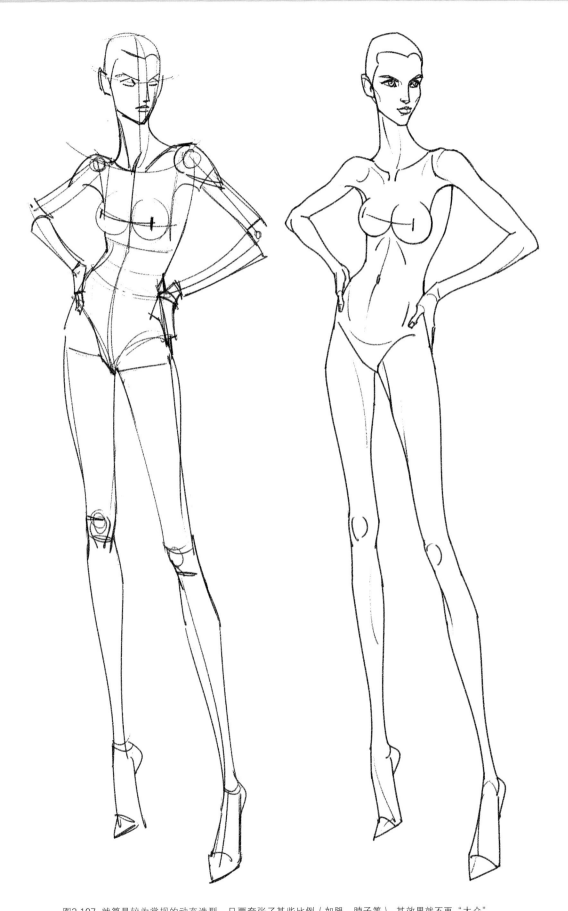

图3.107 就算是较为常规的动态造型，只要夸张了某些比例（如腿、脖子等），其效果就不再"大众"

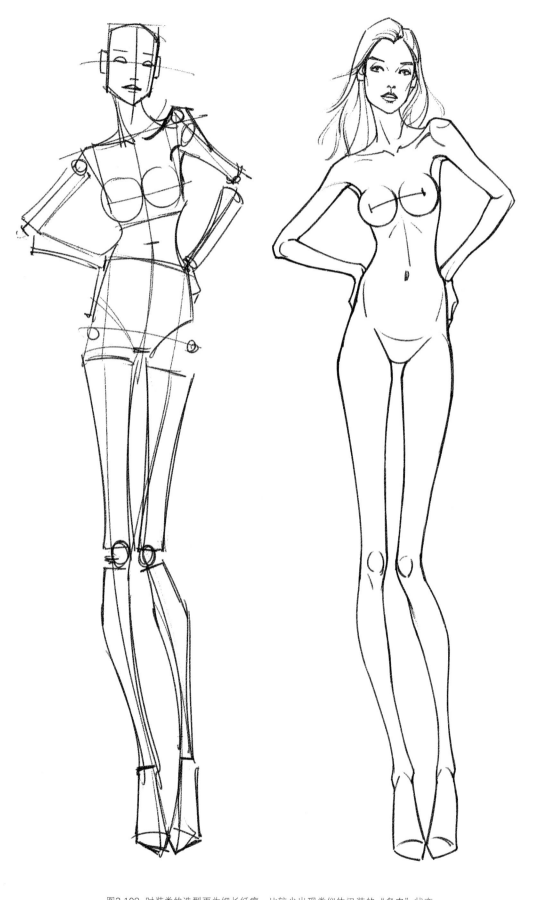

图3.108 时装类的造型更为细长纤瘦，比较少出现类似休闲装的"多肉"状态

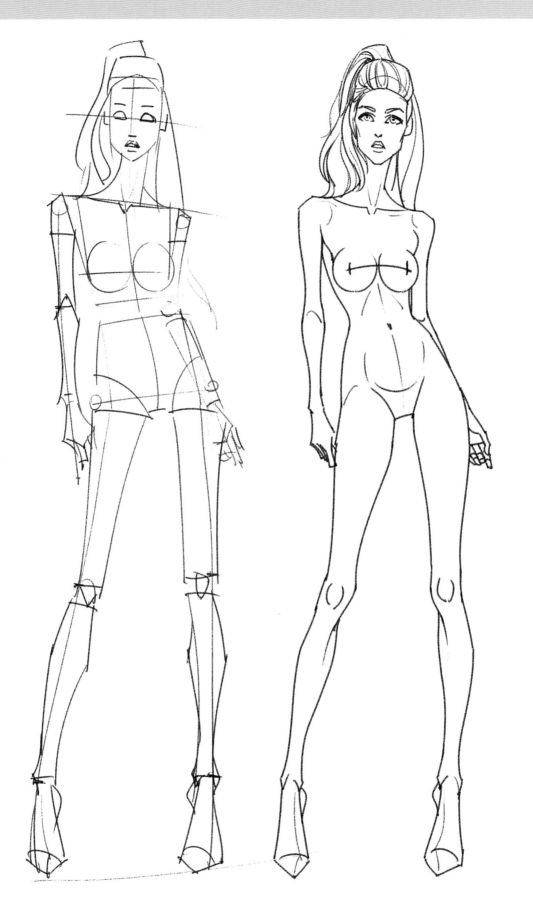

图3.109 时装系列的动态造型比例跟正常比例有突破和变化，也是符合创意的发展规律的，变化后还是要显得自然和富有美感的

图3.110 这种半侧的动态，初学者一定不要盲目"爱好"，先画好正面的。这类透视感强的需要一个练习过程

3.5 T台动态

　　T台动态其实主要指正面正在行走的造型，后腿的位置是描绘的关键点，分为后、中、欲前三个常用状态。如果服装展示的场景是舞台式的效果，那么走到台前的模特还会有独特的造型亮相，但那些动态和上面所提到的类别没太大的区别。所以下面着重学习走动的状态：

图3.111　正面走动的动态是最常用的秀场式时装动态造型

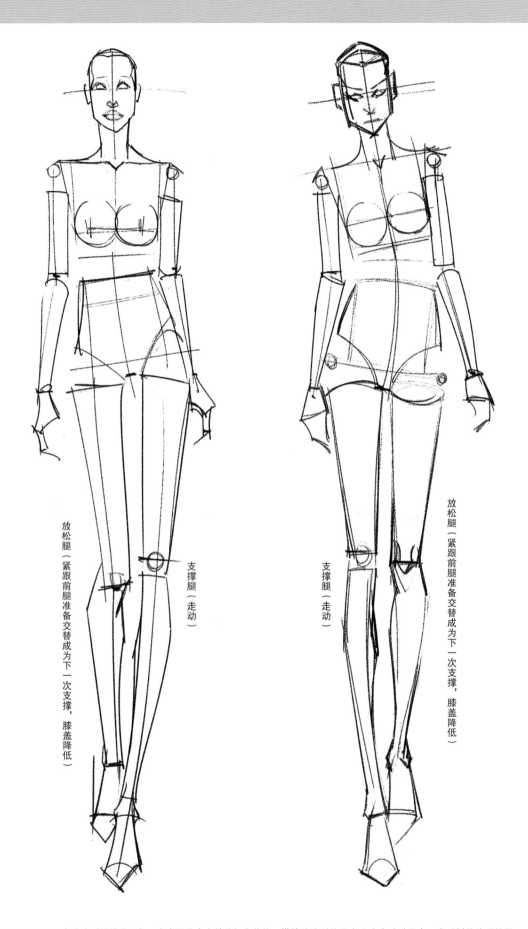

放松腿（紧跟前腿准备交替成为下一次支撑，膝盖降低）

支撑腿（走动）

支撑腿（走动）

放松腿（紧跟前腿准备交替成为下一次支撑，膝盖降低）

图3.112 正面走动造型关键是腿部，左右腿是在交替重复变化的。描绘的造型就是在这个走动过程中一个时刻的外观效果

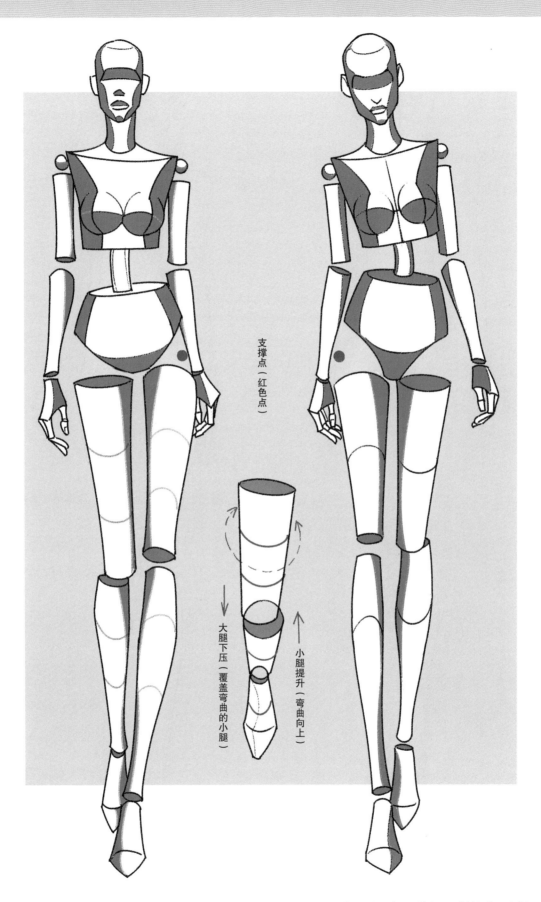

支撑点（红色点）

大腿下压（覆盖弯曲的小腿）

小腿提升（弯曲向上）

图3.113　支撑腿和一般状态接近（向前时略显弧形曲面，如红、蓝色）。小腿的膝盖是重点，大腿覆盖小腿，外侧提升，形成和正常伸直的腿形不一样的弧形外观。本图是了解秀场走动动态的关键点

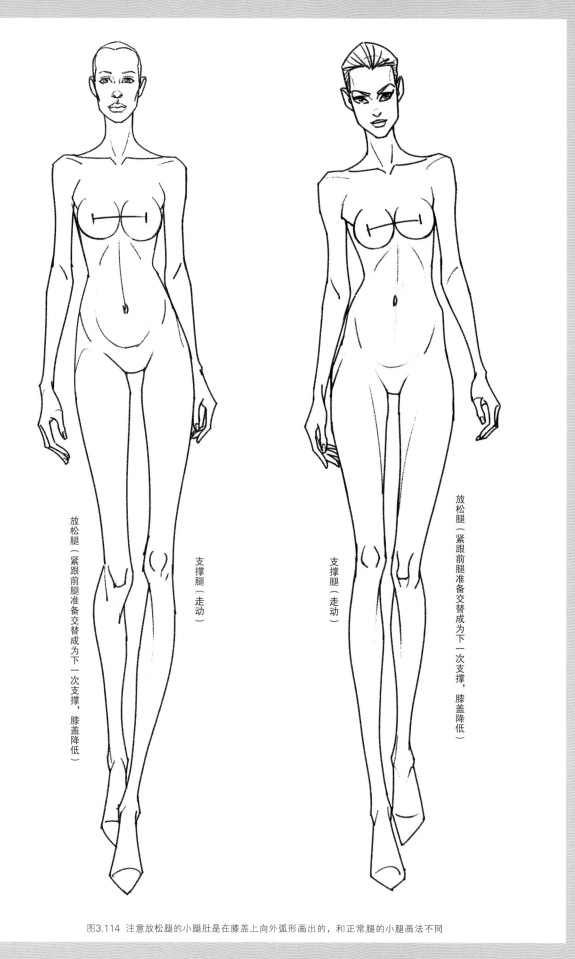

放松腿（紧跟前腿准备交替成为下一次支撑，膝盖降低）

支撑腿（走动）

支撑腿（走动）

放松腿（紧跟前腿准备交替成为下一次支撑，膝盖降低）

图3.114 注意放松腿的小腿肚是在膝盖上向外弧形画出的，和正常腿的小腿画法不同

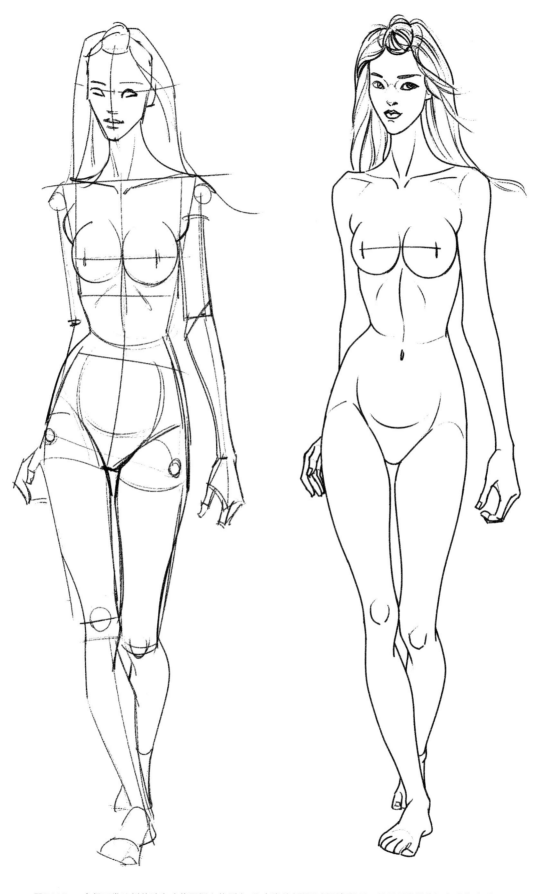

图3.115 一个很正常比例的动态（偏亚洲人体型），和夸张的长腿比例刚好相反，属于显常规休闲走动的造型

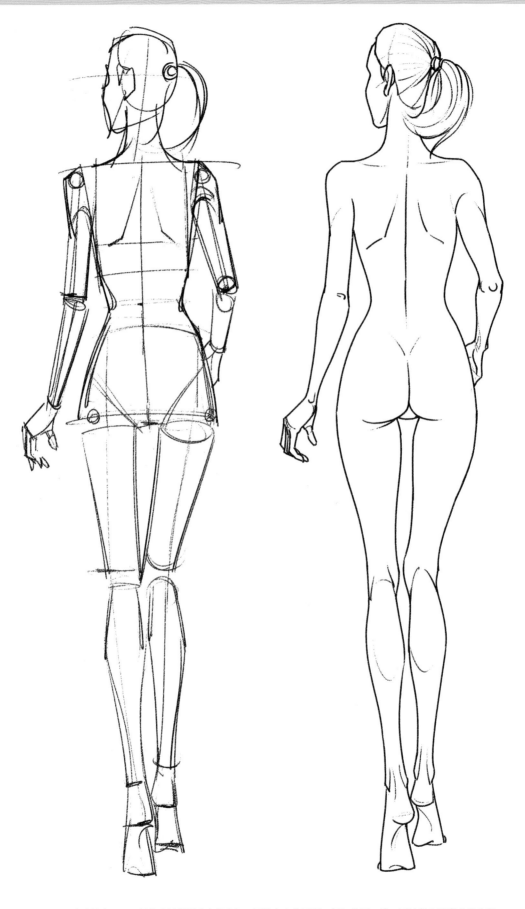

图3.116 走动的背面，画前的分析模型或者概念与正面没太大的区别，但细节不一样。要特别注意弯曲的右腿

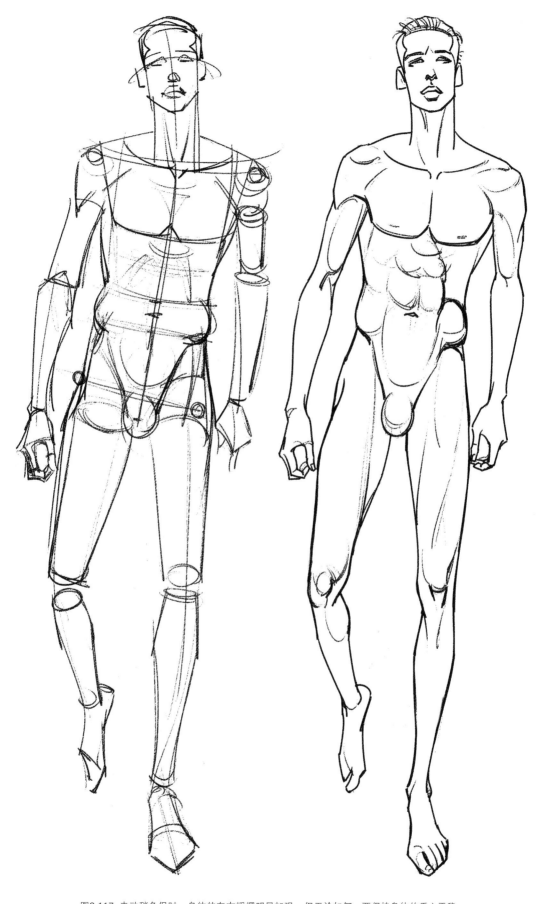

图3.117 走动稍急促时，身体的左右摇摆明显加强，但无论如何，要保持身体的重心平稳

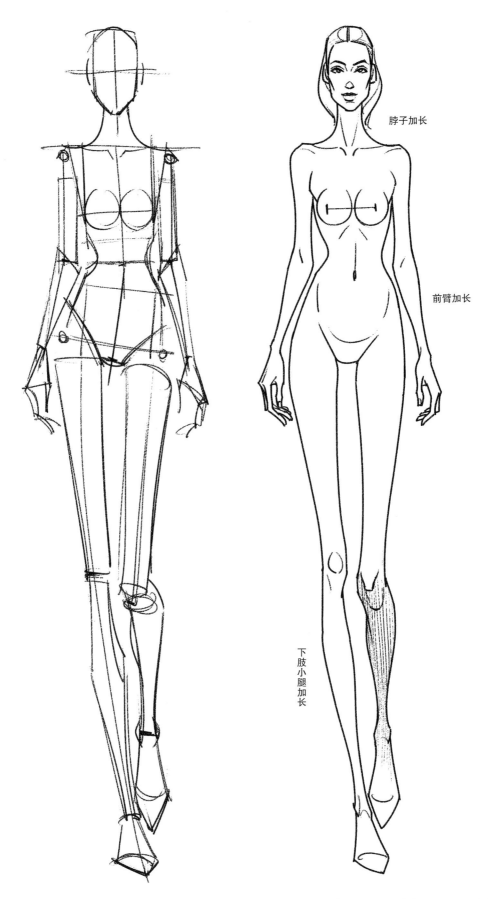

脖子加长

前臂加长

下肢小腿加长

图3.118 人体比例加长后，应该要保持协调的长宽关系以及美好的外形，只是人变得修长而已。注意走动后面的小腿一般较暗

3.6 艺术造型动态

　　夸张的动态及个性化的造型，一般使用在舞台装、个性化的服装设计上。为了更加突出设计或者服装的风格，需要在绘画的时候强化造型，以强烈的形式表达作者的创作意图，或是比例，或是外观，或是形象，又或者是细节，常常表现出异于常识，或者丑化亦或更加的美化等。

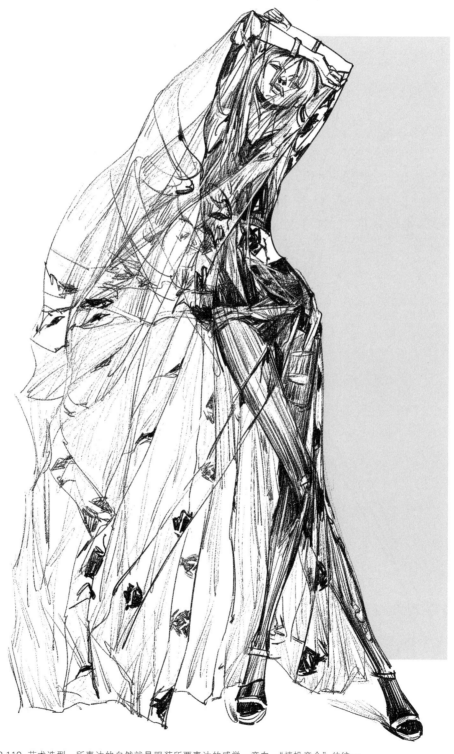

图3.119 艺术造型，所表达的自然就是服装所要表达的感觉、意向，"情投意合"的统一

·179·

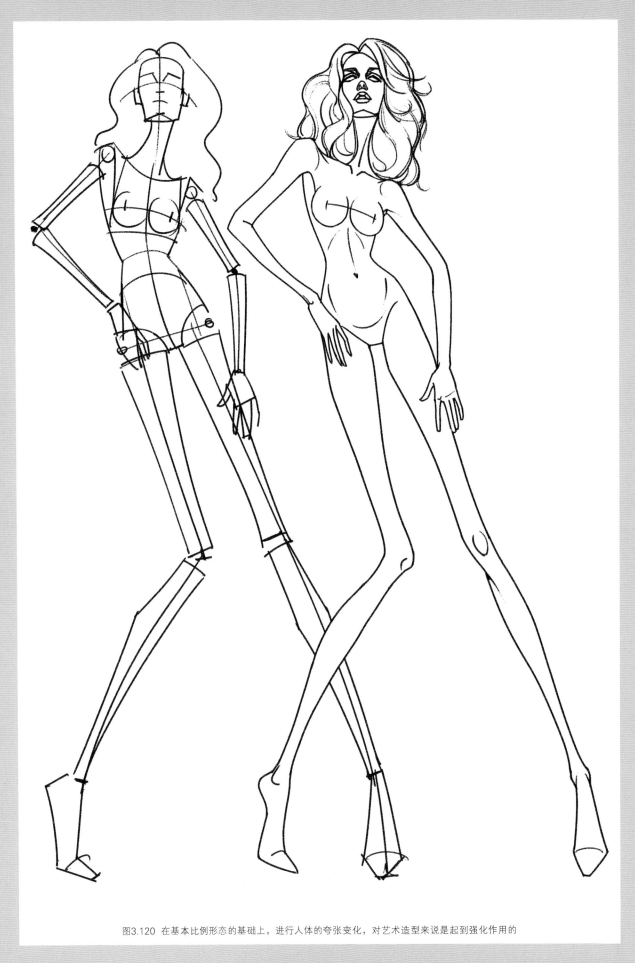

图3.120 在基本比例形态的基础上，进行人体的夸张变化，对艺术造型来说是起到强化作用的

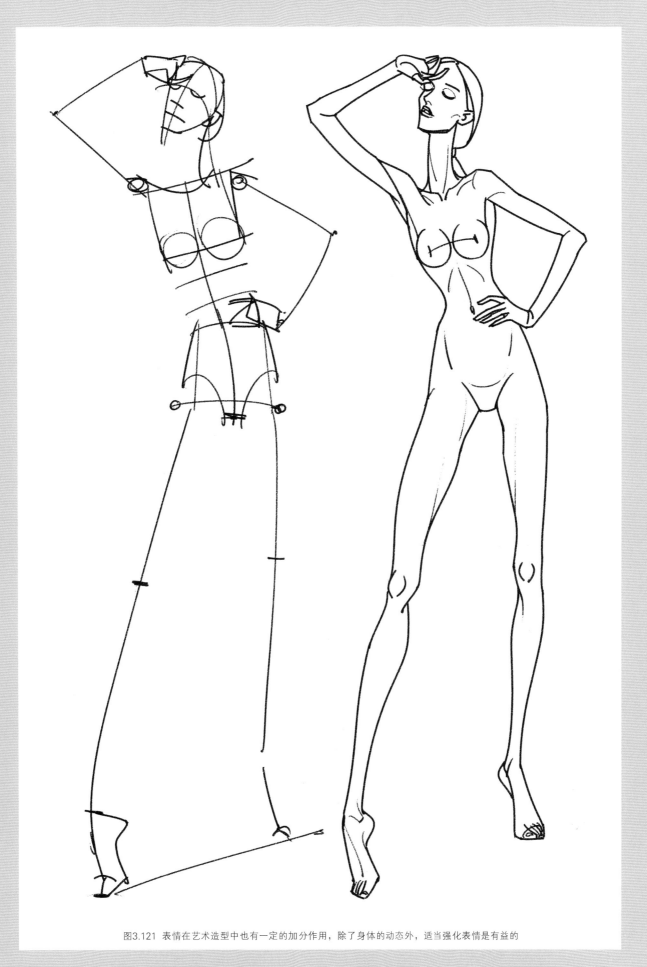

图3.121 表情在艺术造型中也有一定的加分作用，除了身体的动态外，适当强化表情是有益的

图3.122 在艺术造型的动态上，局部是可以夸张的，比如更为明显的曲线效果

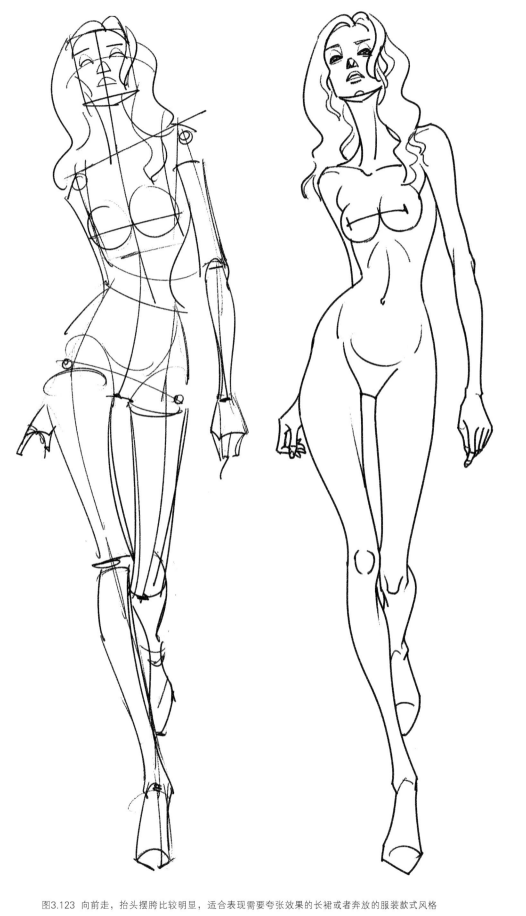

图3.123 向前走，抬头摆胯比较明显，适合表现需要夸张效果的长裙或者奔放的服装款式风格

图3.124 这样的侧面造型使用不多，但表现起来也很有特色，一些需要配合造型气氛的款式可以参考

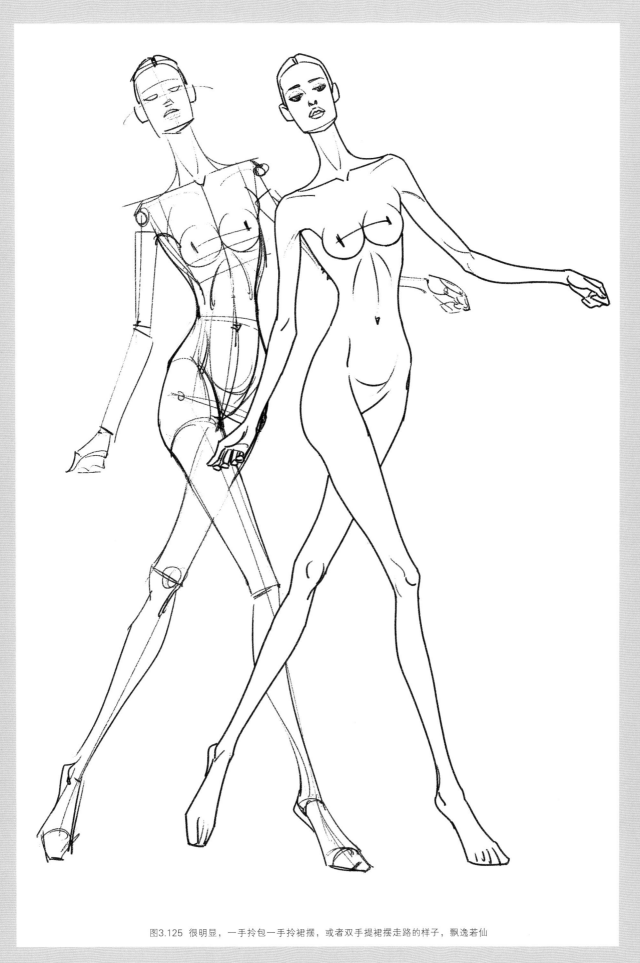

图3.125　很明显，一手拎包一手拎裙摆，或者双手提裙摆走路的样子，飘逸若仙

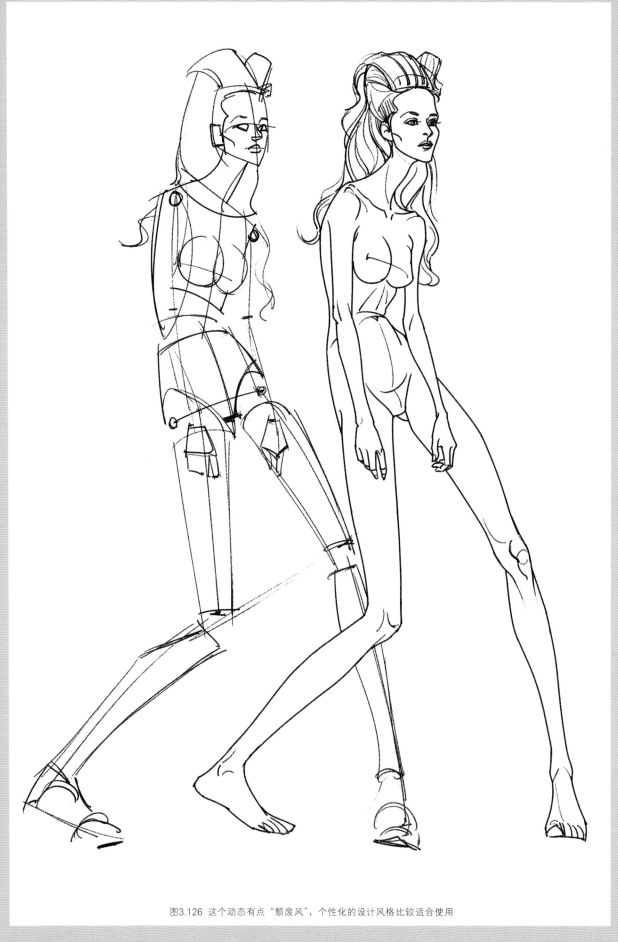

图3.126 这个动态有点"颓废风"，个性化的设计风格比较适合使用

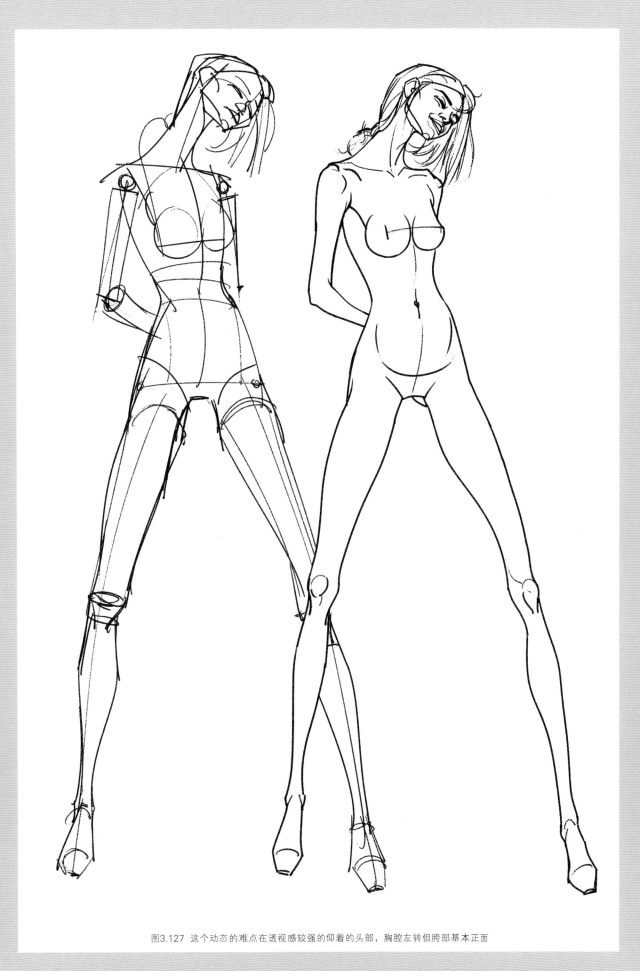

图3.127 这个动态的难点在透视感较强的仰着的头部，胸腔左转但胯部基本正面

3.7 婚纱晚装动态

　　与婚纱或晚装礼服相衬的形体应该是柔美的、高挑的，那样才会显得高贵典雅。所以模特的腿一定是画得修长很多的，脸部表情也多透露出礼服的贵气或者婚纱的甜美气息。

图3.128

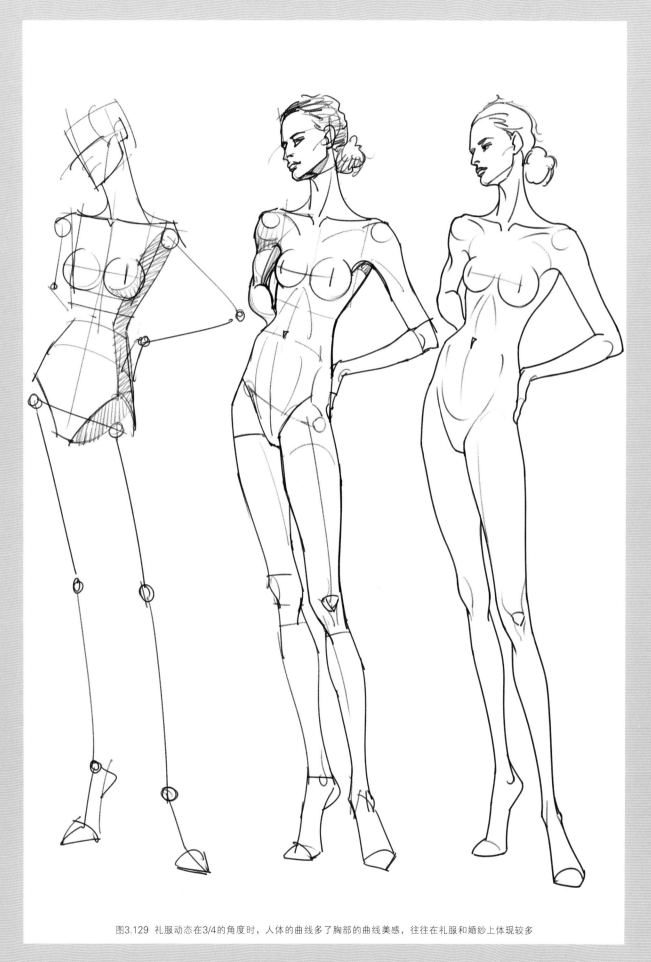

图3.129 礼服动态在3/4的角度时，人体的曲线多了胸部的曲线美感，往往在礼服和婚纱上体现较多

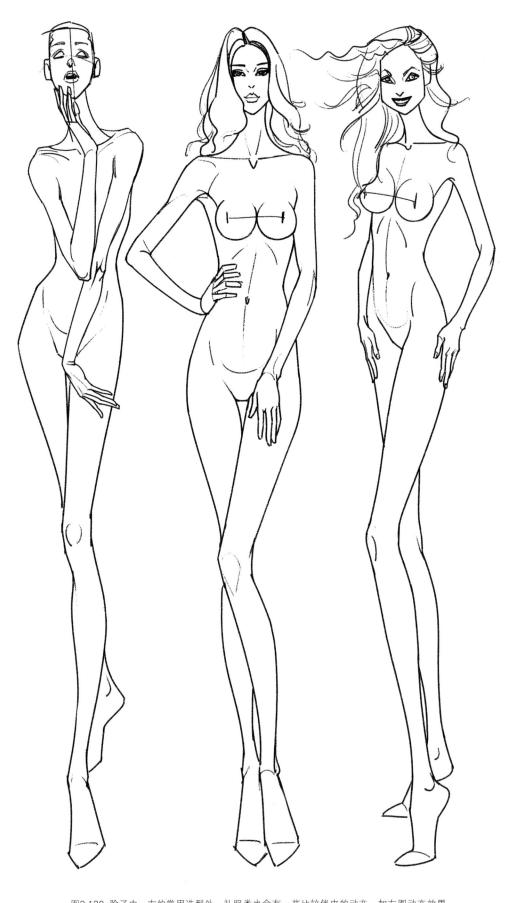

图3.130 除了中、右的常用造型外，礼服类也会有一些比较俏皮的动态，如左图动态效果

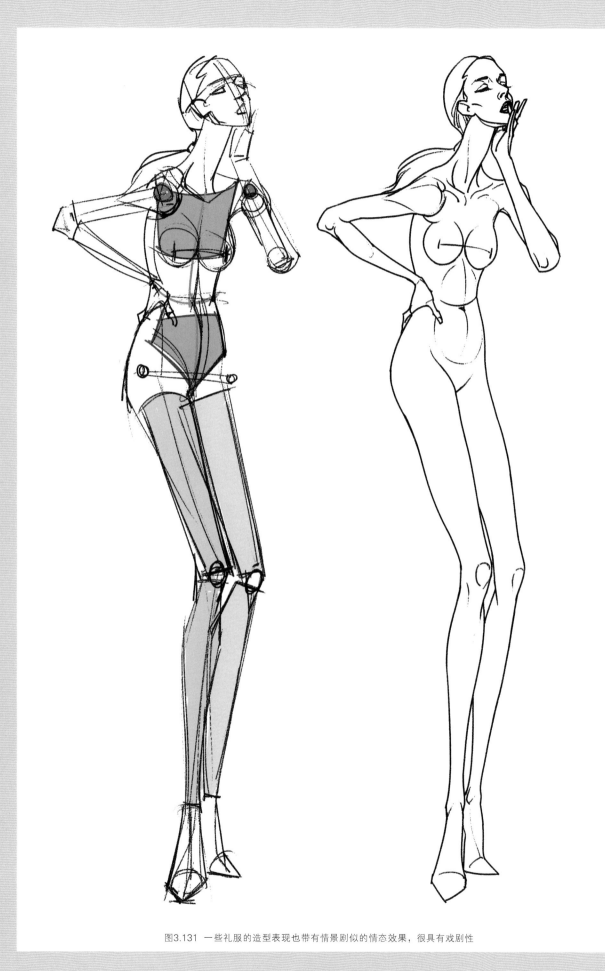

图3.131 一些礼服的造型表现也带有情景剧似的情态效果，很具有戏剧性

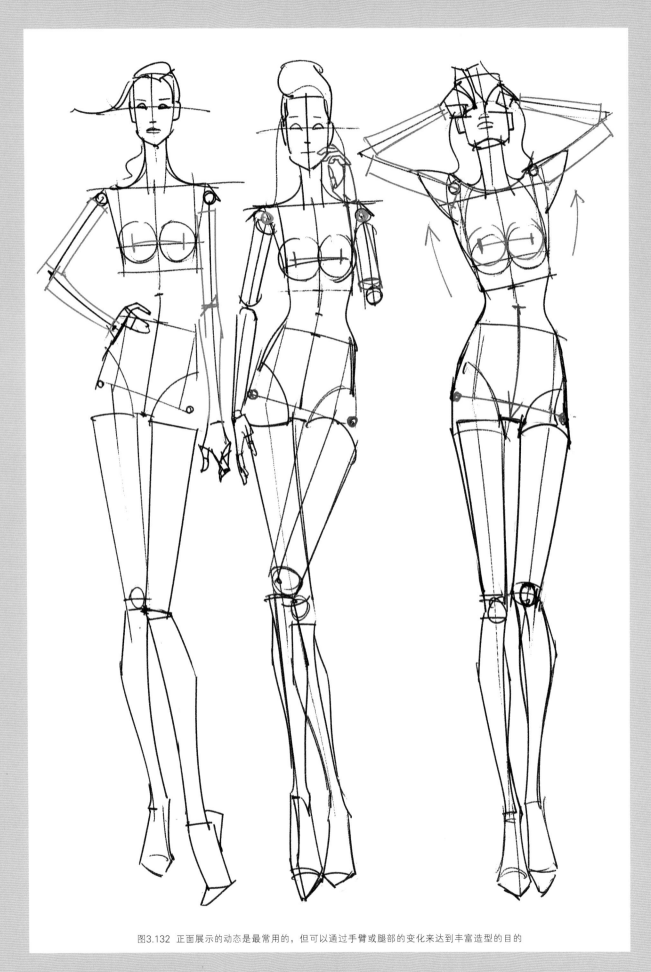

图3.132 正面展示的动态是最常用的，但可以通过手臂或腿部的变化来达到丰富造型的目的

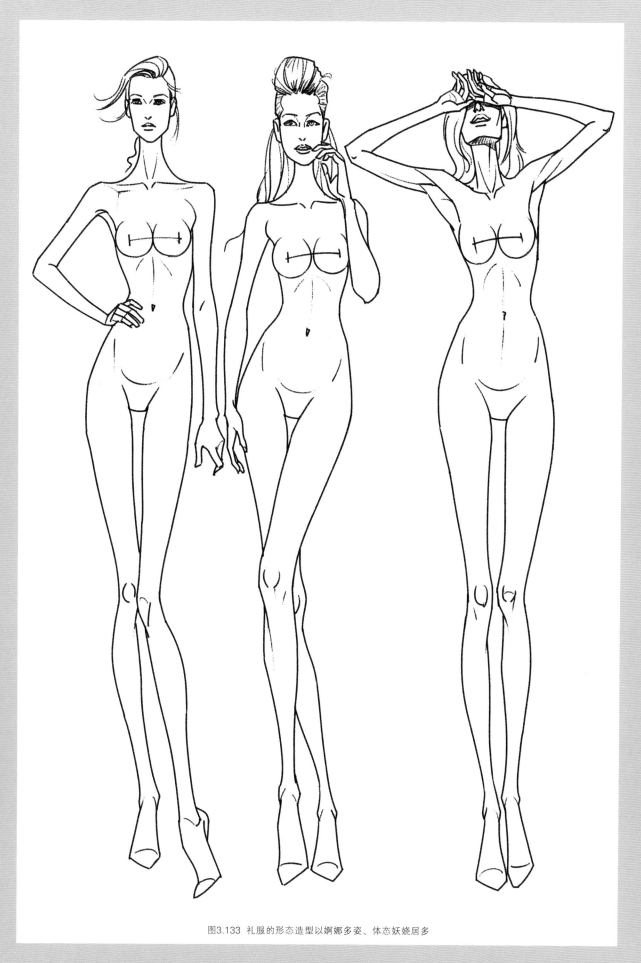

图3.133 礼服的形态造型以婀娜多姿、体态妖娆居多

4

附图
动态在着装效果中的应用
（赏析图）

图4.1

图4.2

图4.3

·197·

图4.4

图4.5

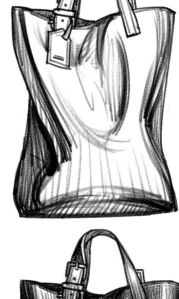

图4.6

图4.7

图4.8

图4.9

图4.10

图4.11

图4.12

图4.13

图4.14

后记

书写好了，正处于中国抗疫卓有成效之际。喜忧参半的写作，犹如宅家自我隔离！希望本书对读者有所帮助。

本书是技法教程，希望读者不仅仅是看看而已，动起手来才会有更大的收获，并且，不是简单地看过一遍画一遍，就觉得掌握好了，至少要画三遍以上，感悟才是最深的，收获也是最大的。

无论是喜欢时尚插画的，还是仅仅为了掌握好人体规律，想通过画好时装画来提升效果图造型能力的读者，只要跟着书里的范例练习过一遍，都会有很大的进步。这里想对读者提一些建议，对于一个动态，只有根据书中的步骤、方法一次次地，反复练习，才能达到比例、形态、动态熟练掌握的效果。至于练习多少，并非有一个统一的数量标准，而是根据读者自身的基础素养来决定自己的练习次数。只是一开始不要追求画出各种各样的动态，从简单的入手，从最基本的比例和造型入手，比如火柴棍，把动态的感觉好好体会，不要因为看起来简单就轻视不练习；模型几何体，多进行组合来提高感觉能力，这也是个好习惯。简单不代表"容易"，不要不重视。如果外形如手臂画不好，就单独练习，先不要画整体，不要心急出效果。不要肤浅地认为画奇怪动态才是厉害的，特别是那些透视现象明显的，或者夸张比较大的动态效果，要先避开。"循序渐进，由浅入深"这个原则是非常有效的，同时，不要轻易放弃，"冰冻三尺非一日之寒"说的就是这个道理，坚持画着画着就明白了。当然，有一定基础的读者，可以当作复习或者一开始就进入各种动态的练习跟画。相对于多数读者来说，掌握好基础部分之后，再去练习变化和创意的动态造型，才会更容易在完整的学习过程中理解和掌握时装画人体表达能力。

祝愿读者坚持并有所感悟和提升，加油！

最后，谢谢我的校友兼编辑谢未的信任和鼓励，让我在写书过程中能够坚持下来，并时刻保持热情！

并在此祝福中国，祈福世界早日战胜疫情！

阿甘（甘健甫）

2020.4.28